Führungskräftetrainings

Praxis der Personalpsychologie
Human Resource Management kompakt
Band 30

Führungskräftetrainings
von Prof. Dr. Jörg Felfe und Dr. Franziska Franke

Herausgeber der Reihe:
Prof. Dr. Heinz Schuler, Dr. Rüdiger Hossiep,
Prof. Dr. Martin Kleinmann, Prof. Dr. Werner Sarges

Führungskräfte-trainings

von

Jörg Felfe und

Franziska Franke

HOGREFE   GÖTTINGEN · BERN · WIEN · PARIS · OXFORD · PRAG
TORONTO · BOSTON · AMSTERDAM · KOPENHAGEN
STOCKHOLM · FLORENZ · HELSINKI

Prof. Dr. Jörg Felfe, geb. 1963. 1983-1988 Studium der Psychologie in Bochum und Berlin. 1991 Promotion an der FU Berlin. Seit 1993 Praxistätigkeit als Trainer, Coach und Berater. 2003 Habilitation an der Martin-Luther-Universität Halle (Saale). 2006-2010 Professor für Sozial- und Organisationspsychologie und Leiter des Student Service Center an der Universität Siegen. Seit 2010 Professor für Arbeits-, Organisations- und Wirtschaftspsychologie an der Helmut-Schmidt-Universität Hamburg. Visiting Professor in Durham. Arbeitsschwerpunkte: Führung, Commitment, Gesundheit, Personalentwicklung, Mitarbeiterbefragungen.

Dr. Franziska Franke, geb. 1981. 2000-2005 Studium der Psychologie in Halle. Von 2005-2012 wissenschaftliche Mitarbeiterin an verschiedenen Universitäten und Trainerin. 2012 Promotion an der Helmut-Schmidt-Universität Hamburg. Seit 2013 wissenschaftliche Mitarbeiterin bei der Bundesanstalt für Arbeitsschutz und Arbeitsmedizin. Arbeitsschwerpunkte: Führung, Gesundheit, Commitment.

Bibliografische Information der Deutschen Nationalbibliothek

Die Deutsche Nationalbibliothek verzeichnet diese Publikation in der Deutschen Nationalbibliografie; detaillierte bibliografische Daten sind im Internet über http://dnb.dnb.de abrufbar.

© 2014 Hogrefe Verlag GmbH & Co. KG
Göttingen · Bern · Wien · Paris · Oxford · Prag · Toronto · Boston
Amsterdam · Kopenhagen · Stockholm · Florenz · Helsinki
Merkelstraße 3, 37085 Göttingen

http://www.hogrefe.de
Aktuelle Informationen · Weitere Titel zum Thema · Ergänzende Materialien

Umschlagbild: © pressmaster – Fotolia.com
Satz: ARThür Grafik-Design & Kunst, Weimar
Druck: AZ Druck und Datentechnik GmbH, Kempten
Printed in Germany
Auf säurefreiem Papier gedruckt

ISBN 978-3-8017-2388-0

Inhaltsverzeichnis

Karten:
Checkliste 1: Merkmale systematischer Führungskräfteentwicklung
Checkliste 2: Trainingsqualität und Transferchancen
Checkliste 3: Trainingsinhalte
Checkliste 4: Wahl des Lernortes und Trainers

1 Einleitung

Organisationen brauchen gute Führungskräfte, um erfolgreich zu sein. Der vorliegende Band richtet sich an Personalentwickler[1], Führungskräfte und andere Interessierte, die sich professionell mit dem Thema Führungskräfteentwicklung und insbesondere mit Führungskräftetrainings beschäftigen. Mittlerweile hat sich hierfür auch die englische Bezeichnung „Executive Training" etabliert.

Die Auswahl, Entwicklung und Förderung des Führungsnachwuchses wie auch die Unterstützung und Weiterbildung erfahrener Führungskräfte sind von zentraler strategischer Bedeutung für den Erfolg einer Organisation. Verschiedene Umfragen unter deutschsprachigen Personalverantwortlichen zeigen, dass der Schaffung, Sicherung und Optimierung der Führungsqualität die höchste Priorität bei der Personalarbeit eingeräumt wird (z. B. Becker, 2008). Um diese Aufgaben erfolgreich bewältigen zu können, benötigen Personalverantwortliche und Führungskräfte Theorien, Konzepte und Modelle als Grundlage für die Gestaltung, Anwendung und Entwicklung konkreter Trainingsmaßnahmen. Ob für die Auswahl der Inhalte oder für die Planung, Organisation und Durchführung von Trainings – folgende Fragen sind relevant:

Führungskräfteentwicklung als strategische Aufgabe

- Wie kann man gute und effiziente Führung lernen bzw. trainieren?
- Welche Trainingskonzepte und im weiteren Sinne Methoden der Führungskräfteentwicklung sind zielführend und effizient?

Unternehmen wenden erhebliche Mittel auf, um ihre Führungskräfte weiterzuentwickeln. So ergab eine Umfrage im Rahmen des Da-Vinci-Projekts, eines Förderprojekts der EU zur beruflichen Bildung, dass deutsche Unternehmen für die Weiterbildung einer Führungskraft im Durchschnitt etwa 2.800 € pro Jahr investieren (Erten-Buch, Mayrhofer, Seebacher & Strunk, 2006). Die Führungskräfte selbst sind durchschnittlich gut sieben Tage im Jahr in Weiterbildung eingebunden.

Ob die aufgewendeten Mittel effektiv und effizient eingesetzt werden, ist eine viel diskutierte Frage. Internationale Schätzungen gehen davon aus, dass immerhin bis zu 40 % des Top-Management-Nachwuchses in den ersten 18 Monaten nach Einstellung oder Beförderung scheitern (Ciampa, 2005). Auch im deutschsprachigen Raum gibt es ernüchternde Einschätzungen zur Führungsqualität. Fragt man zum Beispiel Führungskräfte nach Kündigungsgründen talentierter Mitarbeiter, gibt die Hälfte der Befragten mangelnde Führungskompetenz der Vorgesetzten als Grund an. Entsprechend wird erwartet, dass die Auswahlverfahren (Kleinmann, 2013) und

---

[1] Zur besseren Lesbarkeit wird die männliche Form verwendet. Selbstverständlich sind Frauen und Männer gleichermaßen gemeint.

Trainingsangebote für Führungskräfte diese Risiken effektiv mindern und tatsächlich den erwarteten Nutzen für das Unternehmen erzielen.

Die einschlägige Führungsliteratur bietet umfangreiche Möglichkeiten, sich eher von wissenschaftlicher Seite oder eher praxisnah über die wesentlichen Konzepte, Methoden und Befunde zu informieren. Über aktuelle Trends und Entwicklungen berichten mittlerweile auch eine Reihe von Fachzeitschriften wie z. B. „managerSeminare", „Coaching-Magazin", „wirtschaft + weiterbildung" oder „wissensmanagement".

Ziel:
Trainings-
konzepte
vestehen und
einschätzen
können

Das vorliegende Buch ist weder ein Praxisratgeber noch ein Reviewbook, das den wissenschaftlichen Stand der Führungs- bzw. Trainingsforschung vollständig darstellt. Vielmehr soll es vor allem wissenschaftlich interessierten Praktikern einen kompakten Überblick über die wesentlichen Ansätze und Konzepte bieten, um sich darin leichter zurechtzufinden und konkrete Maßnahmen vor diesem Hintergrund besser verstehen, einordnen und bewerten zu können. Die hier vorgestellten Konzepte und Modelle versuchen die oben formulierte Frage nach wirksamen und effizienten Wegen der Führungskräfteentwicklung zu beantworten.

Nach einem Einleitungskapitel mit Begriffsklärungen, Definitionen und Grundlagen zur Führung, liefert vor allem das *zweite Kapitel* einen Überblick über die zentralen Inhalte und die wichtigsten Lehr- und Lernmethoden von Führungstrainings. Hierzu gehört auch, dass auf die jeweiligen wissenschaftlichen Erkenntnisse und empirischen Befunde hingewiesen wird, um den Nutzen der Ansätze für die Praxis besser abschätzen zu können.

Im *dritten Kapitel* geht es um die Frage, mit welchen konkreten Maßnahmen und Methoden Führungskräfte entwickelt werden können. Klassische Trainings oder Seminare sind hier der Ausgangspunkt. Häufig werden Trainings aber durch weitere Maßnahmen wie Coaching, Projekte, Förderkreise etc. ergänzt, um eine engere Anbindung an die Praxis zu erzielen. Sie sind damit ebenfalls Bestandteil eines Trainingskonzepts und daher hier auch aufgeführt. Dieser Katalog liefert konkrete Ansatzpunkte und weitergehende Anregungen zur Führungskräfteentwicklung. Voraussetzung für sinnvolle Trainingsmaßnahmen ist immer eine genaue Kenntnis der Anforderungen und der Voraussetzungen der Teilnehmer. Eine entsprechende Bedarfsanalyse steht also am Anfang einer Führungskräfteentwicklung.

Im Mittelpunkt des *vierten Kapitels* stehen konkrete Abläufe von Übungen, die in Führungstrainings eingesetzt werden. In kurzer und kompakter Form kann sich der Leser einen exemplarischen Überblick über zentrale Methoden verschaffen, die sich im Trainingsalltag als nützlich erwiesen haben.

Im *Kapitel 5* werden anhand von Praxisbeispielen Trainingsprogramme vorgestellt, bei denen spezielle Inhalte wie z. B. gesundheitsförderliche Führung oder transformationale Führung im Vordergrund stehen.

2

1.1 Begriffe und Definitionen

1.1.1 Führung

Wenn von „Führung" in Organisationen gesprochen wird, ist damit meist *Mitarbeiterführung* gemeint. Staehle (1999) versteht unter Führung die *Beeinflussung* der Einstellungen und des Verhaltens von Einzelpersonen sowie der Interaktionen in und zwischen Gruppen, mit dem Zweck, bestimmte Ziele zu erreichen. Wunderer (2000, S. 19) definiert Führung als „zielorientierte, wechselseitige und soziale Beeinflussung zur Erfüllung gemeinsamer Aufgaben in und mit einer strukturierten Arbeitssituation" und Weibler (2001, S. 128) bezeichnet Führung als die „akzeptierte Beeinflussung anderer, die bei den Beeinflussten … ein intendiertes Verhalten auslöst". Auch wenn im Folgenden der Fokus auf der Interaktion zwischen Führungskraft und Mitarbeiter liegt, darf nicht außer Acht gelassen werden, dass Führung im Sinne der sozialen Einflussnahme in Organisationen auch in entpersonalisierter Form durch Strukturen (z. B. Hierarchie, Vorschriften) und Personen, die nicht hierarchisch überstellt sind, wahrgenommen und ausgeübt wird. Der Begriff Mitarbeiterführung macht deutlich, dass es sich nur um einen Bereich der Führung handelt. In diesem Sinne können die gesamte Unternehmensführung oder Geschäftsführung als Oberbegriffe verstanden werden, die alle Bereiche, die zur „Führung" oder zum „Management" einer Organisation erforderlich sind, umfassen. Diese Aufgaben oder Managementfunktionen werden durch Geschäftsführer, Vorstände, Inhaber etc. wahrgenommen. Zu den zentralen Geschäftsführungsbereichen gehört neben Finanzen, Controlling, Organisation, Marketing, Vertrieb und der übergreifenden Strategie auch der Bereich des Personals. Damit wird zwischen einem *erweiterten Begriff von Führung*, der alle Formen gegenseitiger Beeinflussung umfasst, und der *Mitarbeiterführung im engeren Sinne* unterschieden, mit der insbesondere die Beeinflussung von Mitarbeitern durch die direkten Führungskräfte gemeint ist (vgl. Abbildung 1).

Zielgerichteter, interpersonaler Einfluss in Organisationen

Unternehmensführung und Mitarbeiterführung

> *Mitarbeiterführung* meint den zielgerichteten, interpersonalen Einfluss in meist hierarchischen Organisationen, um individuelles und kollektives Erleben und Verhalten auf die Erreichung organisationaler Ziele auszurichten.

Führungskräfteentwicklung bezieht sich damit in einem erweiterten Sinne auf das Entwickeln und Trainieren unterschiedlichster Managementfunktionen. Trainings und Seminare, gleich welchen Inhalts (z. B.: Entscheiden, Strategie, Verhandeln), können als Führungskräftetrainings bezeichnet werden, wenn es sich bei der Zielgruppe um Führungskräfte handelt. Üblicher-

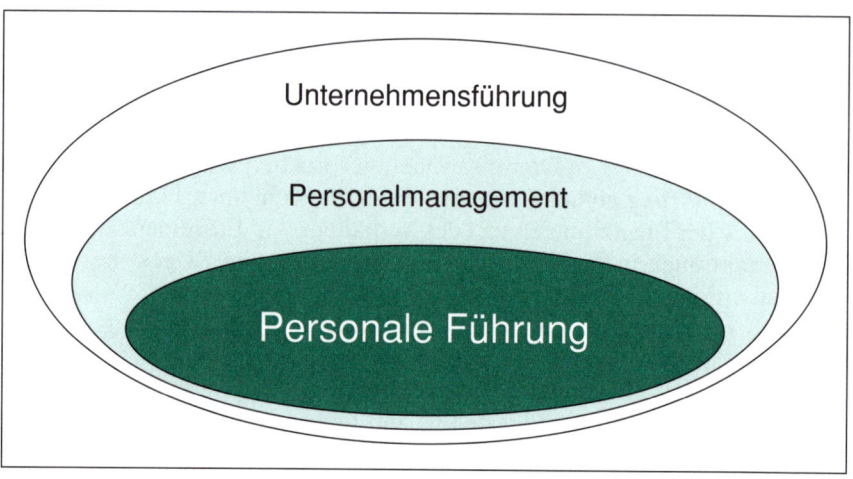

Abbildung 1:
Führung und Mitarbeiterführung

weise wird der Begriff der Führungskräftetrainings aber in einem engeren Sinne verwendet. Gemeint sind dann vor allem Trainings, in denen Mitarbeiterführung im engeren Sinne (z. B.: Gesprächsführung, Zielvereinbarung, Beurteilung) vermittelt und trainiert wird.

1.1.2 Personalentwicklung und Führungskräftetraining

Das Management des gesamten Personals als eine Funktion der Unternehmensführung wird als *Personalmanagement* oder Personalwesen bezeichnet (Felfe, 2009; Hossiep, 2013). Hierzu gehören die Personalbeschaffung, Verwaltung und die Aus- und Weiterbildung bzw. *Personalentwicklung* (abgekürzt als PE). Durch eine systematische PE wird ein zweifacher Nutzen beabsichtigt: Organisationale Ziele des Unternehmens (Produktivitätssteigerung, Qualität, Gewinnmaximierung etc.) werden verfolgt und gleichzeitig werden die Arbeitnehmer beim Erreichen persönlicher Ziele (Selbstverwirklichung etc.) unterstützt. Diese Ziele werden auf unterschiedliche Weise erreicht: (1) Vermittlung von Wissen, (2) Training und Modifikation von Verhalten, (3) Entwicklung von Persönlichkeit (Schuler, 2004; Sonntag, 2002).

Personalentwicklung umfasst die Maßnahmen zur Sicherstellung und Erweiterung der individuellen beruflichen Handlungskompetenz.

Für die zu entwickelnden Fähigkeiten, Fertigkeiten und Wissensbestände, die für die verantwortungsbewusste Bewältigung konkreter Arbeitsaufgaben erforderlich sind, hat sich mittlerweile der Begriff der *Handlungskompetenz* etabliert. Sie umfasst Fachkompetenz, Methodenkompetenz, Soziale Kompetenz und Personale Kompetenz (Felfe, 2012; Sonntag & Schaper, 2006).

Ziel der PE ist Vermittlung von Handlungskompetenz

Die Verantwortung des Personalmanagements erstreckt sich auf alle Mitarbeiter einer Organisation. Dazu gehören naturgemäß auch die Führungskräfte. Die *Führungskräfteentwicklung* ist also ein Teil der Personalentwicklung (vgl. Abbildung 2). Damit zählen die Auswahl und Entwicklung von Führungskräften sowie die Gestaltung der Mitarbeiterführung in einer Organisation durch z. B. Leitlinien und Instrumente zu den zentralen Aufgaben des Personalmanagements (auch Human Resource Management genannt). Neben den fachlichen Qualifikationen, die für die Bewältigung der Arbeitsaufgaben im eigenen Verantwortungsbereich erforderlich sind, müssen Führungskräfte für den Umgang mit Mitarbeitern qualifiziert werden, um diese entsprechend fördern, motivieren und anleiten zu können.

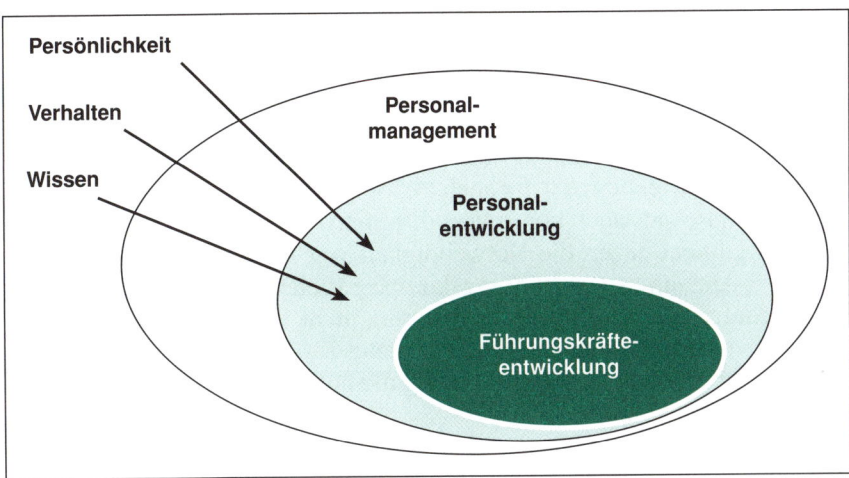

Abbildung 2:
Führungskräfteentwicklung und Personalentwicklung im Kontext
des Personalmanagements

Die erforderlichen Kompetenzen werden unter anderem in *Führungskräftetrainings* vermittelt. Der Begriff Training trägt dem Umstand Rechnung, dass es bei der Vermittlung von Kompetenzen zur Mitarbeiterführung nicht um isoliertes Managementwissen, sondern vor allem auch um Verhalten

Training zielt auf Verhalten

geht, das gelernt und trainiert werden muss. Damit Verhaltensänderungen nachhaltig sind und nicht nur „oberflächliche Verhaltenskosmetik" betrieben wird, deren Effekte rasch verpuffen, müssen auch die dem Verhalten zugrunde liegenden Werte, Überzeugungen und Einstellungen berücksichtigt werden. In der Praxis werden daher Trainings, in denen nur oberflächliche Techniken vermittelt werden, auch als „Schnittblumentrainings" bezeichnet, weil sie nach einer Woche „verwelkt" sind.

> Bei *Führungskräftetrainings* handelt es sich um Maßnahmen der Personalentwicklung zur systematischen Erweiterung und Förderung der für die Führung bzw. Mitarbeiterführung erforderlichen Handlungskompetenz. Im Mittelpunkt stehen das Training von konkretem Verhalten und die verhaltenssteuernden Überzeugungen, Einstellungen und Werte.

1.2 Relevanz der Führungskräfteentwicklung

Die Bedeutung von Führungskräften für ein Unternehmen lässt sich kaum infrage stellen. Die Ergebnisse zahlreicher Studien belegen den Einfluss des Verhaltens von Führungskräften auf Zufriedenheit, Leistung und Gesundheit der Mitarbeiter (Felfe, 2009). Damit wird deutlich, dass Führungskräfte einen strategischen Beitrag zum Unternehmenserfolg leisten.

Zweifel am Nutzen von Trainings Weniger eindeutig ist allerdings die Einschätzung einer systematischen Führungskräfteentwicklung, zu der auch Führungstrainings zählen. Ihre Bedeutung wird durchaus auch kontrovers diskutiert:

1. Ein Argument gegen die Notwendigkeit von Führungstrainings basiert auf der Annahme, dass Führungskompetenz eher eine Persönlichkeitseigenschaft sei und damit durch Training nicht verändert werden könne. Dahinter verbirgt sich die Frage, ob man zur Führungskraft „geboren" wird oder durch Lernen und Training die notwendigen Kompetenzen erwirbt *(„born or made")*.

2. Ein weiterer Einwand basiert darauf, dass Führung so komplex und unterschiedlich sei, dass es keinen Sinn mache, übergreifende, allgemeingültige Verhaltensweisen und Kompetenzen zu trainieren. Stattdessen kommt es immer wieder neu auf die jeweilige, besondere *Situation* an, wie sich eine Führungskraft verhalten sollte („es kommt darauf an"). Dahinter steckt manchmal auch die Sorge, festgelegt zu werden und in seinem individuellen Spielraum als Führungskraft eingeschränkt zu werden.

3. Schließlich wird auf die hohen Kosten für Trainings verwiesen und der verstärkte Nachweis des *ökonomischen Nutzens* angemahnt. Im Folgenden werden wir auf diese zentralen Einwände eingehen.

1.2.1 Born or made?

Ein wichtiger Einwand, der gegen den Nutzen von Führungskräftetrainings vorgetragen wird, ist die zum Teil verbreitete Vorstellung, dass Führungsfähigkeit eine Persönlichkeitseigenschaft ist, die nicht gelernt werden kann: „Man hat es oder man hat es eben nicht". Diese Vorstellung bedeutet in der Konsequenz, dass die „geborenen Führungspersönlichkeiten" sicherlich keine Trainings benötigen und diejenigen, die nicht über diese besonderen Eigenschaften verfügen, auch mit Trainings nicht zu Führungskräften entwickelt werden können. Die Frage, inwieweit Führungsfähigkeit angeboren oder erworben ist („born or made") lässt sich nicht eindeutig beantworten.

Tatsächlich gibt es Hinweise, dass bestimmte Persönlichkeitseigenschaften wie zum Beispiel *Extraversion* und *Emotionale Stabilität*, aber auch *kognitive Fähigkeiten* (Intelligenz) dazu beitragen, dass Personen in Führungspositionen gelangen und dort auch erfolgreich sind (Judge, Bono, Ilies & Gerhardt, 2002). Die Wahrscheinlichkeit, dass z. B. extravertierte Personen, denen es leichter fällt, Kontakt aufzubauen, mit anderen zu kommunizieren und sie zu überzeugen, in Führungsrollen gelangen und dort auch erfolgreich Kompetenzen entwickeln, ist damit größer als für Personen, die sich in sozialen Situationen eher zurückhalten oder diese gar vermeiden. Ähnliches gilt für *Neurotizismus* bzw. *Emotionale Stabilität*. Ängstlichen und unsicheren Personen fällt es eher schwer, die Initiative zu ergreifen und sich in kritischen Situationen erfolgreich durchzusetzen. Auch werden sie bei Problemen eher zögern und Herausforderungen skeptisch gegenüberstehen. Gute *kognitive Fähigkeiten* erhöhen hingegen die Wahrscheinlichkeit erfolgreicher Problemlösungen.

Gleichzeitig zeigt die Forschung, dass bestimmte Verhaltensweisen wie z. B. aufgaben- und mitarbeiterorientiertes Verhalten (Judge, Piccolo & Ilies, 2004) oder transformationales Führungsverhalten (Antonakis, Avolio & Sivasubramaniam, 2003; Judge & Piccolo, 2004) unabhängig von der Persönlichkeit zum Führungserfolg beitragen und dass diese Verhaltensweisen trainiert werden können (siehe z. B. Abschnitt 5.3). Es kann also davon ausgegangen werden, dass die Wahrscheinlichkeit, durch Training und Erfahrung erfolgreiches Führungsverhalten zu erwerben, steigt, wenn bestimmte Eigenschaften und kognitive Fähigkeiten vorliegen. Entscheidend ist aber, dass Führungskompetenzen erworben werden müssen. Das kann bereits in der Schule (Klassensprecher) oder beim Sport (Trainer) beginnen. Dabei geht die Forschung prinzipiell davon aus, dass der Erwerb neuen Wissens und neuer Fertigkeiten ein Leben lang möglich ist, wenn eine entsprechende Lernbereitschaft vorhanden ist (Day, Harrison & Halpin, 2009). Entsprechend können Führungskräfte, egal welchen Alters, einen Nutzen aus Führungskräfteentwicklung ziehen.

Persönlichkeit und Kompetenzerwerb ergänzen einander

7

1.2.2 Es kommt immer auf die Situation an ...!

Wie werden Führungskräfte auf ihre Aufgaben vorbereitet? Tatsächlich werden insbesondere Nachwuchsführungskräfte in vielen Organisationen häufig nicht systematisch oder nur unzureichend auf ihre zukünftigen Führungsaufgaben im Sinne von Mitarbeiterführung vorbereitet. Meist gilt: „Wer sich fachlich bewährt hat, kann im Bedarfsfall auch die Führung übernehmen." Auch in der Ausbildung und im Studium steht die fachliche Ausbildung im Vordergrund. Nur selten wird hier systematisch auf die Übernahme zukünftiger Führungsrollen vorbereitet.

So ist es nicht überraschend, dass sich viele junge Führungskräfte nur unzureichend auf ihre neuen Aufgaben in der Mitarbeiterführung vorbereitet fühlen und sich vor allem an ihren eigenen, positiven wie negativen Vorbildern orientieren. Die Qualität der Führung ist damit in hohem Maße von einzelnen Personen abhängig und wird zu einem individuellen Phänomen. Auf der einen Seite ist es die Qualität der jeweiligen Vorbilder, auf der anderen Seite hängt es aber auch von den individuellen Fähigkeiten, Erfahrungen und Werten der Nachwuchskräfte ab, inwieweit und an welchen Vorgesetzten sie sich orientieren.

Dieser Beliebigkeit wird dann in der Praxis gerne das Wort geredet, indem postuliert wird, dass es ohnehin keine bewährten, allgemeingültigen Führungskonzepte gebe, sondern dass Führung immer wieder personen- und situationsabhängig unterschiedlich sei: Jeder führe eben in Abhängigkeit der Situation anders. Die Unkenntnis bewährter Führungskonzepte und Instrumente wird zum Programm erhoben.

Bewährte Konzepte der Führungsforschung nutzen

Die Führungsforschung hat allerdings hinlänglich gezeigt, dass es übergreifende Konzepte (z. B. Transformationale Führung, Mitarbeiter- und Aufgabenorientierung) und Instrumente (z. B. Zielvereinbarung, Beurteilung etc.) gibt, die sich positiv auf die Leistung und Zufriedenheit der Mitarbeiter und damit auf den Erfolg einer Organisation auswirken.

Damit ist nicht in Abrede gestellt, dass Führungskräfte immer wieder mit neuen Situationen konfrontiert werden. Auch stellt die Führungsforschung keine einfachen Patentrezepte zur Verfügung, die in jeder Situation Erfolg garantieren. Gerade deshalb ist es ein wesentliches Ziel der Führungskräfteentwicklung, Führungskräfte zu befähigen, Konzepte, Strategien und Instrumente in unterschiedlichen Situationen und mit unterschiedlichen Mitarbeitern richtig anzuwenden.

1.2.3 Wirksamkeit und ökonomischer Nutzen

Auch gibt es immer wieder Zweifel am Nutzen der nicht unerheblichen Aufwendungen. Tatsächlich ist die Durchführung von Führungskräftetrainings mit Aufwand und Kosten für das Unternehmen verbunden. Neben den Trainerhonoraren müssen auch die Ausfallzeiten der Teilnehmer kalkuliert werden. Die Kosten hängen aber auch von Art und Umfang der Maßnahmen ab. Bei internen Trainings entstehen in der Regel geringere Kosten als bei externen Trainings, da Fahrt- und Übernachtungskosten für die Teilnehmer entfallen.

Allerdings ist es schwierig, die Kosten direkt einem monetären Nutzen für das Unternehmen gegenüberzustellen, zumal es sich bei Führungskräftetrainings um eine Investition handelt, die sich meist erst mit einiger Verzögerung auszahlt. Wie wir später noch ausführlicher zeigen werden, hängen die Wirksamkeit und damit auch der ökonomische Nutzen einer Veranstaltung nicht alleine von der Qualität des Trainings (Angemessenheit der Inhalte und Methoden, Qualifikation und Erfahrung des Trainers) selbst, sondern auch von anderen Faktoren ab. Entscheidend sind z.B. die Teilnehmervoraussetzungen (Auswahl und Motivation), die Einbindung in eine Gesamtstrategie der Führungskräfteentwicklung, die Transfermöglichkeiten und wirtschaftliche Rahmenbedingungen. Dabei stellt sich die Frage nach geeigneten kurz-, mittel- oder langfristigen Erfolgskriterien (siehe Kapitel 2.3). Eine exakte Bestimmung des Nutzens ist aufgrund der vielfältigen Faktoren, die ebenfalls für den Erfolg verantwortlich sind, erheblichen Schwierigkeiten unterworfen. Vielfach wird in der Praxis daher auf die Bestimmung des Nutzens verzichtet.

Ermittlung des wirtschaftlichen Nutzens schwierig, aber möglich

Dennoch gibt es immer wieder Versuche, auch hier eine Abschätzung vorzunehmen, um die Bildungsinvestitionen zu legitimieren (z.B. Rowold & Steinhardt, 2007). Zur Bestimmung des finanziellen Nutzens wird dann – wie auch in anderen Bereichen – der „Return on Investment" (ROI) ermittelt. Für den Führungskräftebereich schlagen Avolio, Avey und Quisenberry (2010) für die Berechnung des „Return on Leadership Development Investment" (RODI) folgende Berechnungsformel vor:

Bestimmung des finanziellen Nutzens
Formel: $RODI = N \times T \times d \times SDy - C$.
Folgende Größen müssen zur Berechnung zur Verfügung stehen:

N Anzahl der Trainingsteilnehmer aus einem Unternehmen
T die Dauer des Trainingseffekts
d erwarteter Effekt des Trainings
SDy durchschnittliche Leistungs- bzw. Produktivitätsspanne in einer bestimmten (Führungs)-position
C Kosten des Trainings

Die durchschnittliche Leistungs- bzw. Produktivitätsspanne in einer bestimmten Position (SDy) ist insofern relevant, als der mögliche Nutzen einer Personalentwicklungsmaßnahme vom Ausmaß der individuellen Leistungsunterschiede in einer bestimmten Position abhängt. Als Orientierungswert wird hier das Jahresgehalt herangezogen (Avolio, Avey & Quisenberry, 2010). Ist die Spanne niedrig, d. h. die Leistung einer weit überdurchschnittlichen Führungskraft weicht nur geringfügig von der Leistung einer unterdurchschnittlichen Führungskraft ab, kann auch durch ein hervorragendes Training nur wenig Zusatznutzen generiert werden. Ist die Spanne hingegen groß, kann durch eine Verbesserung der individuellen Leistungsvoraussetzungen erheblicher Nutzen erzielt werden. Während die Anzahl der Trainingsteilnehmer und die Kosten einfach zu bestimmen sind, ist die Ermittlung der übrigen Werte deutlich schwieriger. Zum Beispiel ist die erwartete Stärke des Effekts eines Trainings *(d)* in der Regel nicht bekannt. Zudem hängt dieser Effekt von zahlreichen anderen Faktoren ab. Als Schätzung kann hier auf Ergebnisse aus allgemeinen Evaluationsstudien zurückgegriffen werden. Die vorliegenden Studien zeigen hier durchaus beachtliche Effekte, die nahelegen, dass Unternehmen deutlich profitieren können, wenn sie in die Entwicklung ihrer Führungskräfte investieren. Damit ist es prinzipiell möglich, den ökonomischen Nutzen von Führungskräftetrainings abzuschätzen. Für den jeweiligen Einzelfall können genauere Werte ermittelt werden, wenn Personalentwickler und Trainer verstärkt eigene Evaluationen durchführen. Auf zentrale Befunde und geeignete Strategien bei Evaluationsstudien zur Qualitätssicherung von Trainingsmaßnahmen werden wir in Kapitel 2.3.3 näher eingehen.

Zusammenfassend lässt sich festhalten, dass Führungskompetenzen lern- und entwickelbar sind, wenn die entsprechenden Voraussetzungen (kognitive Fähigkeiten, Lernbereitschaft) gegeben sind. Weiterhin zeigt sich, dass Führungskräftetrainings ein geeignetes Mittel sind, um Führungskompetenz zu vermitteln.

1.3 Anforderungen an Führungskräfte

Über welche Qualifikationen und Kompetenzen müssen Führungskräfte verfügen, um die in sie gesetzten Erwartungen zu erfüllen? Die Klärung der Anforderungen und des Bedarfs ist eine zentrale Voraussetzung für eine wirksame Führungskräfteentwicklung und die Konzipierung effektiver Trainings. Hierzu ist zunächst zu klären, was die zentralen Aufgaben und Funktionen der Führung von Mitarbeitern sind.

1.3.1 Aufgaben und Funktionen

Die wesentliche Aufgabe personaler Führung besteht darin, zur Erreichung der Ziele einer Organisation beizutragen, indem *Leistung der Mitarbeiter* gefordert und gefördert wird. Das Ziel der Mitarbeiterführung ist, das Verhalten von Mitarbeitern im Sinne der Organisationsziele zu steuern und

Für Trainings beachtliche Effekte nachgewiesen

10

damit den Erfolg der Organisation zu gewährleisten (Felfe, 2009; Wegge, 2004; Yukl, 2002). Daraus ergeben sich zahlreiche Aufgaben und Funktionen. Dazu zählen neben allgemeinen *Managementfunktionen* wie Ziele formulieren, Organisieren, Entscheiden und Kontrollieren (Malik, 2006) sowie Planen, Budgetieren und Berichten an die nächste Ebene, die Aufgaben, mit denen eine direkte Einflussnahme auf die Mitarbeiter erfolgt. Typische Aufgaben und Funktionen der direkten *Mitarbeiterführung* sind z. B. Anweisen, Delegieren, Motivieren und Coaching. Zur Unterscheidung dieser beiden Funktionsbereiche haben sich die Bezeichnungen Management und Leadership etabliert. Beide Funktionsbereiche stehen nicht im Widerspruch zueinander, sondern ergänzen sich.

Management und Leadership

Einem einfachen Modell folgend (Abbildung 3), hängt die Leistung von Mitarbeitern von drei zentralen Faktoren ab (Bühler & Siegert, 1999). Die erste Voraussetzung ist, dass die Mitarbeiter über die *Kenntnisse und Fertigkeiten* (Können) verfügen, die zur erfolgreichen Aufgabenbewältigung erforderlich sind. Als weitere Voraussetzung müssen die Mitarbeiter bereit sein, sich zu engagieren und Leistung zu erbringen. Damit ist die *Motivation* gemeint (Wollen). Als dritte Voraussetzung für selbstständiges, eigenverantwortliches Handeln müssen die Mitarbeiter über entsprechende *Handlungs- und Entscheidungsspielräume* verfügen (Dürfen). Damit ist es die wesentliche Aufgabe von Führungskräften, diese drei Voraussetzungen zu schaffen, um die Leistungsfähigkeit der Mitarbeiter zu fördern und zu entwickeln:

Führung heißt Leistung ermöglichen

– Können: Mithilfe von *Training*, *Coaching* und *systematischem Feedback* können Führungskräfte die Handlungskompetenz ihrer Mitarbeiter entwickeln.

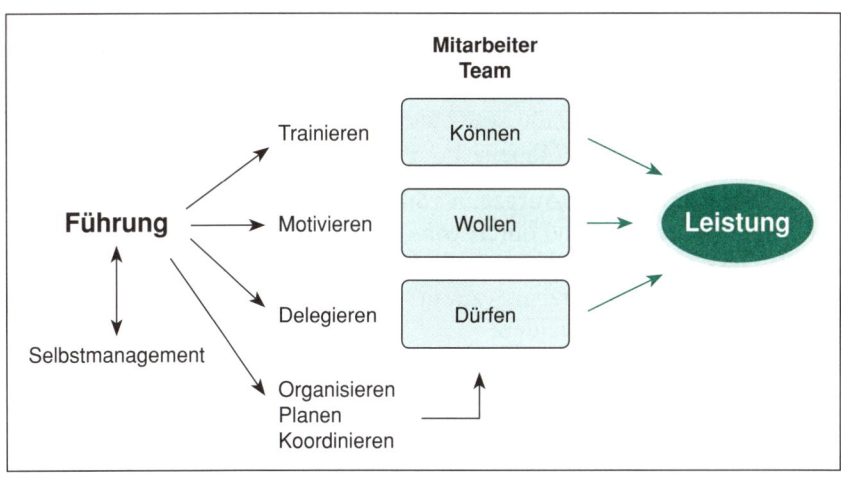

Abbildung 3:
Führung und Leistungsvoraussetzungen

– Wollen: Motivation erfolgt durch die *Vereinbarung von Zielen*, das Setzen von Anreizen und die Beseitigung von Hindernissen. Selbstverständlich muss die erfolgreiche Zielerreichung kontrolliert werden und durch entsprechendes *Feedback* Anerkennung finden.
– Dürfen: Verfügen die Mitarbeiter über die erforderlichen Kompetenzen, kennen ihre Ziele und sind motiviert sich zu engagieren, müssen durch *Delegation* die notwendigen Entscheidungsspielräume gewährt werden, damit die Mitarbeiter selbstständig und flexibel handeln können.

Es hat sich gezeigt, dass Teams mit einem ausgeprägten Wir-Gefühl, in denen sich die Mitglieder mit den gemeinsamen Aufgaben und Zielen identifizieren und sich gegenseitig unterstützen, leistungsfähiger sind. Die *Teamentwicklung* ist daher eine weitere wichtige Aufgabe bzw. Funktion personaler Führung in Teams (siehe hierzu auch van Dick & West, 2013).

Die Aktivitäten der einzelnen Mitarbeiter müssen koordiniert werden, indem die Arbeitsteilung, die Abläufe und Schnittstellen organisiert werden. Das gilt nicht nur für die Abläufe innerhalb eines Teams, sondern auch für die Schnittstellen zu vorgelagerten und nachfolgenden Organisationsbereichen. Die Sicherstellung der erforderlichen technischen, materiellen und personellen Ressourcen zählt ebenfalls zu den *organisatorischen Aufgaben*.

Führung bedeutet auch Selbstführung

Darüber hinaus weist der Arbeitsalltag von Führungskräften spezifische Belastungen auf:
– Hohe Arbeitsdichte, Zeitdruck,
– Unterbrechungen, häufig wechselnde Aktivitäten,
– Häufige Veränderungen, schnelle Reaktionszyklen,
– Lange Arbeitszeiten, Dienstreisen, Erreichbarkeit,
– Druck, Unsicherheit, Konflikte.

Es gehört ebenfalls zu den Anforderungen an Führungskräfte, diese Belastungen zu bewältigen. Damit ergeben sich hohe Anforderungen an die eigene Arbeitsorganisation und das Selbstmanagement, auch als „*Selbstführung*" bezeichnet. Damit sind bereits sechs wichtige Aufgaben und Funktionen personaler Führung benannt (Tabelle 1).

Da der Schwerpunkt der Aufgaben von Mitarbeiterführung im Bereich sozialer Interaktion liegt und durch *hohe Kommunikationsanteile* charakterisiert ist, lassen sich die unterschiedlichen Funktionen auch als soziale Rollen verstehen. Nach Mintzberg (zit. in Neuberger, 2002, S. 321) lassen sich folgende Rollen unterscheiden:

Führung erfordert Rollenflexibilität

– interpersonale Rollen (Repräsentant, Koordinator),
– informationale Rollen (Sprecher, Info-Verteiler),
– Entscheidungsrollen (Verhandler, Ressourcen-Zuordner).

Weitere Rollen, die als charakteristisch für erfolgreiche Führung angesehen werden, sind der Visionär, der Entrepreneur, der Coach, der Teamplayer etc.

12

Tabelle 1:
Aufgaben und Funktionen personaler Führung

Aufgaben und Funktionen	Teilaufgaben und Beispiele
Mitarbeiterentwicklung	Anleiten, Unterweisen, Training, Coaching und Feedback sowie das Führen von Förder- und Entwicklungsgesprächen
Motivation	klare Zielsetzung, Anreize, Kontrolle und Anerkennung
Delegation	Übertragung von Aufgaben und Entscheidungsspielräumen
Teamentwicklung	Teamgespräche, Förderung von Identität und Zusammenhalt, Unterstützung von Kommunikation und Kooperation im Team
Organisation	Planung und Koordination der Einzelaktivitäten, Beschaffung der erforderlichen Ressourcen, Schaffung von Strukturen, Vertretung nach außen, Budgetieren, Berichten nach oben
Selbstführung	Arbeitsorganisation, Prioritäten setzen, Selbstreflexion, Selbstdisziplin, eigene Weiterbildung

Zur Erfüllung ihrer Aufgaben können Führungskräfte auf unterschiedliche Führungsinstrumente, Konzepte und Modelle der Führung zurückgreifen. Bei den *Führungsinstrumenten* handelt es sich in der Regel um standardisierte Mitarbeitergespräche. Ihre systematische und regelgerechte Anwendung im Rahmen der oben genannten Funktionen gehört ebenfalls zu den Aufgaben von Führungskräften:

– Zielvereinbarung bzw. Zielvereinbarungsgespräch,
– Kontrollsysteme bzw. Feedbackgespräche,
– Beurteilungssystem bzw. Beurteilungsgespräch,
– Personalentwicklungsprogramme bzw. Förder- und Entwicklungsgespräch,
– Unterweisung und Coaching,
– Anreizsysteme.

Instrumente unterstützen Führungshandeln

Malik (2006) unterstreicht zusätzlich die Bedeutung folgender *Werkzeuge* für eine wirksame Führung:

– Sitzung mit Mitarbeitern und Kollegen: Eine produktive und effiziente Sitzung erfordert eine sorgfältige Sitzungsvorbereitung, abgestimmte Tagesordnung, konsequente Sitzungsleitung und verbindliche Beschlüsse, wer im Anschluss was bis wann zu erledigen hat.
– Bericht bzw. Protokoll dokumentieren Absprachen, Entscheidungen und Ergebnisse. Das Prinzip der Schriftlichkeit sorgt für Verbindlichkeit und sorgt für Klarheit und Genauigkeit in der Kommunikation.
– Stellengestaltung und Einsatzsteuerung: Hier wird festgelegt, wer welche Aufgabe wie zu erledigen hat.
– Persönliche Arbeitsmethodik: Hier geht es um systematisches Zeitmanagement inklusive Kalender und Wiedervorlage, Arbeitsorganisation

Werkzeuge der Führung

13

mit Ablagesystem, Unterstützung und Zuarbeit durch ein Sekretariat sowie Disziplin bei der Einhaltung und Befolgung des eigenen Systems
– Budget und Budgetierung: Hier wird entschieden, mit welchen Ressourcen bestimmte Aufgaben erledigt werden und damit ist die Budgetierung auch ein Koordinationsmittel.
– Systematische „Müllabfuhr": Hier geht es darum, regelmäßig zu überprüfen, welche Vorgänge, Abläufe, Techniken etc. verzichtbar sind.

In der Führungsliteratur gibt es neben den konkreten Instrumenten und Werkzeugen zahlreiche *Konzepte und Modelle*, die Hinweise geben, wie die unterschiedlichen Funktionen wahrgenommen werden und welche Prioritäten Führungskräfte im Umgang mit Mitarbeitern setzen sollten. Sollten Führungskräfte beispielsweise Entscheidungen eher alleine treffen (autoritär) oder sollten sie die Mitarbeiter einbeziehen (partnerschaftlich bzw. partizipativ)? Meist haben diese Konzepte auch normativen Charakter, d. h. sie geben eine Empfehlung für erfolgreiches Führungsverhalten. Führungskräfte sollten diese Konzepte kennen und ihr eigenes Verhalten vor diesem Hintergrund bewusst und kritisch reflektieren können. Einige der prominenten Konzepte (auch Führungsstile genannt) sind im Folgenden aufgelistet:
– Mitarbeiterorientierung und Aufgabenorientierung (z. B. Fleishman, 1953)
– Situative Führung in Abhängigkeit des Reifegrades der Mitarbeiter: Anweisen, Überzeugen, Beraten oder Delegieren (z. B. Hersey & Blanchard, 1977)
– Management by Objectives bzw. Führung mit Zielvereinbarungen (z. B. Drucker, 1954; Locke & Latham, 2002)

Konzepte und Modelle der Führung

– Transformationale Führung: Vorbildlichkeit und Glaubwürdigkeit, Motivation durch begeisternde Visionen, individuelle Unterstützung und Förderung, Anregung und Förderung von kreativem und unabhängigen Denken, Ausstrahlung und emotionale Bindung (z. B. Bass, 1985; Felfe, 2006b)
– Ethische und Authentische Führung (z. B. Brown, Trevino & Harrison, 2005; Walumbwa, Avolio, Gardner, Wernsing & Peterson, 2008)
– Gesundheitsförderliche Führung: Self Care, Staff Care und Vorbildfunktion (Franke & Felfe, 2011)
– Wirksame Führung: Resultatorientierung, Beitrag zum Ganzen, Konzentration auf Weniges, Stärken nutzen, Vertrauen und positiv Denken (Malik, 2006)

Als Orientierung für gute Führung lassen sich als Quintessenz aus den unterschiedlichen Konzepten und Theorien folgende Hinweise für wirksame und erfolgreiche Führung ableiten. Die folgenden sieben Punkte integrieren wichtige Aspekte der oben genannten Führungskonzepte und Modelle wie z. B. transformationale Führung, Zielsetzungstheorie, Mitarbeiter- und Aufgabenorientierung, Partizipation, Empowerment sowie ethische und gesundheitsförderliche Führung:

Konzepte für gute Führung
1. *Bindung und Vertrauen* durch Glaubwürdigkeit, Vorbildfunktion und Wertschätzung
2. *Motivation, Engagement und Begeisterung* durch Sinn und attraktive Ziele
3. *Mitarbeiter- und Teamförderung* durch Delegation, Partizipation und Coaching
4. *Leistungsförderung* durch Zielvereinbarung, Feedback und faire Belohnung
5. *Orientierung* durch offene Kommunikation, Steuerung und klare Entscheidungen
6. *Effizienz* durch systematische Nutzung von Führungsinstrumenten
7. *Nachhaltigkeit* durch Gesundheitsförderung, Work-Life-Balance, Innovation und eigene Reflexion

1.3.2 Anforderungen und Kompetenzfelder

Um ihre Aufgaben und Funktionen erfolgreich bewältigen zu können, müssen Führungskräfte bestimmte Anforderungen erfüllen. Hierzu gehören vor allem die erforderlichen Qualifikationen und Kompetenzen.

Weinert (2001) definiert *Kompetenz* allgemein als „die bei Individuen verfügbaren oder durch sie erlernbaren kognitiven Fähigkeiten und Fertigkeiten, um bestimmte Probleme zu lösen, sowie die damit verbundenen motivationalen, volitionalen und sozialen Bereitschaften und Fähigkeiten, um die Problemlösungen in variablen Situationen erfolgreich und verantwortungsvoll nutzen zu können" (S. 27 f.).

Handlungskompetenz im beruflichen Kontext ist die Fähigkeit bzw. die Qualifikation, die Aufgaben und Anforderungen an einem Arbeitsplatz selbstständig und eigenverantwortlich bewältigen zu können. Sie umfasst die Fähigkeit zur Zielsetzung, Planung, Ausführung und Kontrolle und wird in die Bereiche Fachkompetenz, Methodenkompetenz, Soziale Kompetenz und Personale Kompetenz unterteilt.

Mit Ausnahme der Fachkompetenz sind die Kompetenzen nicht an bestimmte Inhalte oder Aufgaben gebunden und werden daher auch als überfachliche Qualifikationen oder Schlüsselqualifikationen bezeichnet. Neben der Fachkompetenz benötigen Führungskräfte auch soziale, personale und methodische Kompetenzen (Tabelle 2).

15

Kompetenzfelder	Kompetenzen
fachliche Kompetenzen	– Expertenwissen, Produktkenntnis, Prozesswissen, Branchenkenntnis – Wissen über Regeln und Standards – Führungswissen (Konzepte, Instrumente)
soziale Kompetenzen	– Kommunikation und Gesprächsführung – Moderation und Besprechungsleitung – Konfliktmanagement, politische Fähigkeiten
personale Kompetenzen	– Selbstkenntnis, Flexibilität, Entscheidungsfähigkeit, Leistungsmotivation
methodische Kompetenzen	– Organisation, Delegation, Kontrolle – Zeitmanagementtechniken, Problemlösetechniken, Kreativitätstechniken – Führungsinstrumente

Ein wesentliches Mittel der personalen Führung ist, wie bereits dargestellt, die unmittelbare Kommunikation zwischen Führungskraft und Mitarbeitern. Klassische Untersuchungen des Arbeitsalltags (work activity) von Führungskräften haben ergeben, dass Geschäftsführer 78 % ihrer Zeit mit „Reden" verbringen (Mintzberg, 1975). Stewart (1967) fand, dass 56 % der Zeit mit Diskussionen, in Konferenzen und mit Telefonieren verbracht wurden. Das ist ein Grund dafür, dass die Bedeutung *sozialer Kompetenzen* als Voraussetzung für erfolgreiche Führung betont wird.

Kompetenzen von Führungskräften

Ein weiterer interessanter Befund dieser Studien ist, dass Führungskräfte selten länger als eine halbe Stunde ununterbrochen an einer Aufgabe arbeiten. Wie bereits erläutert, kann nur selten geplant und geordnet vorgegangen werden. Stattdessen ist fragmentiertes, reaktives Ad-hoc-Verhalten weit verbreitet. Der Umgang mit Unterbrechungen und Störungen stellt hohe Anforderungen an Führungskräfte. Hierzu gehört vor allem die Fähigkeit, Prioritäten zu setzen, Entscheidungen zu treffen und diese konsequent umzusetzen sowie eigene Aufgaben und Ziele stringent zu verfolgen. Diese Fähigkeiten werden auch als *personale Kompetenzen* bezeichnet. Damit wird deutlich, dass Führungskräfte nicht nur in der Lage sein müssen, andere Personen, sondern auch sich selbst zu führen.

Der systematische Einsatz von Führungsinstrumenten und Managementtechniken erfordert vor allem *Methodenkompetenz.* Auch hier gilt, dass systematische Vorgehensweisen, Problemlösestrategien, Planungs- und Steuerungstechniken nicht an bestimmte Inhalte oder Aufgaben gebunden sind, sondern fachübergreifend bedeutsam sind. Führungskräfte sind in diesem Sinne eher Generalisten, die aufgrund ihrer übergreifenden Kompetenzen in unterschiedlichen Feldern Führungsverantwortung übernehmen können.

1.3.3 Zukünftige Anforderungen

Veränderungen und Innovationen

Vor dem Hintergrund einer zunehmenden Globalisierung und immer neuer technischer Entwicklungen hat die Erkenntnis, dass „nichts beständiger ist als der Wandel" an Bedeutung gewonnen. Zum Erhalt und zur Steigerung der Wettbewerbsfähigkeit müssen Prozesse, Produkte und Dienstleistungen ständig verbessert werden. Kosteneffizienz, Qualität und Kundenorientierung (vgl. hierzu Nerdinger, 2003) sind zentrale Erfolgskriterien dieses Innovationsdrucks. Um diese Veränderungen zu bewältigen, benötigen die Organisationsmitglieder Flexibilität, Selbstständigkeit und Eigenverantwortlichkeit sowie Veränderungs- und Lernbereitschaft. Von den Führungskräften wird zunehmend erwartet, dass sie den Wandel und Veränderungen von Strukturen (Projektmanagement, Profit-Center), aber auch von Human Resources (Lernen, Personalentwicklung) aktiv gestalten und die Rolle eines „Change Agents" übernehmen. Um als „Innovator" und „Change Agent" agieren zu können, sind neben fachlichen wiederum vor allem soziale und personale Kompetenzen erforderlich. Im Kontext unsicherer und turbulenter Umwelten müssen Ziele und Visionen entwickelt, innovative Problemlösungen und Strategien zur Umsetzung entworfen und Mitarbeiter motiviert werden. Führungskräfte müssen dabei in der Lage sein, Widerstände zu überwinden und flexibel zu reagieren. Zu den hierfür erforderlichen personalen Kompetenzen zählen persönliche Autonomie und Glaubwürdigkeit.

Führung im Wandel: Technisierung, Globalisierung, Diversity, Gesundheit

Gesundheit und Work-Life-Balance

Die Zunahme psychischer Belastungen und Probleme bei der Vereinbarkeit von Berufs- und Privatleben (Work-Life-Balance; vgl. hierzu auch Collatz & Gudat, 2011) rücken ebenfalls die Bedeutung der Führungskraft in den Mittelpunkt. Führungskräfte beeinflussen nicht nur durch ihren Führungsstil die Gesundheit der Mitarbeiter, sondern tragen auch zur Gestaltung von Arbeitsbedingungen bei, die sich auf Zufriedenheit und Stress der Mitarbeiter auswirken. Nicht zuletzt kommt Führungskräften durch ihr eigenes Gesundheitsverhalten eine wichtige Vorbildfunktion zu. Auch hier sind die personalen Kompetenzen im Sinne von Selbstmanagement und Gesundheitsverhalten von Bedeutung. Führungskräfte stellen somit für ein Unternehmen eine wichtige Ressource bei der Schaffung gesundheitsförderlicher Arbeitsbedingungen dar, wodurch die Weiterentwicklung und Förderung von Führungskräften auch in dieser Hinsicht eine besondere Bedeutung erhält (Franke & Felfe, 2011).

Diversity Management

Internationalisierung und demografischer Wandel führen dazu, dass Führungskräfte Mitarbeiter mit unterschiedlichen biografischen, kulturellen und sozialen Hintergründen führen (Age Diversity, Gender Diversity, Cultural Diversity; Aretz & Hansen, 2002). Diversity Management bedeutet, den unterschiedlichen Erwartungen gerecht zu werden und vor allem die Chancen der Vielfalt systematisch zu nutzen. Hierfür benötigen Führungskräfte z. B. interkulturelle Kompetenz. Sie beinhaltet fachliche (Kenntnis kultureller Unterschiede), soziale (Kommunikationsregeln) und personale Aspekte (Toleranz, Offenheit).

Die unterschiedlichen Anforderungen machen deutlich, welche unterschiedlichen Inhalte und Kompetenzen in Führungskräftetrainings vermittelt werden können. Das Spektrum reicht von allgemeinen Führungskompetenzen wie Motivation, Gesprächsführung und Teamentwicklung bis hin zu aktuellen Themen wie Gesundheitsförderung, Change- und Diversity Management. Tabelle 3 gibt einen stichwortartigen Überblick über relevante Trainingsinhalte und kann als Checkliste zur Überprüfung entsprechender Trainingskonzepte genutzt werden.

Der Überblick über die aktuellen und zukünftigen Aufgaben und Funktionen zeigt zudem, dass vor allem das Verhalten im Umgang mit den Mitarbeitern für den Führungserfolg entscheidend ist. Kompetentes und angemessenes Verhalten wird vor allem durch Übung und Training erworben. Um diesen Trainingsaspekt zu betonen, hat sich in der Führungskräfteentwicklung neben dem Begriff des Führungsseminars der des Führungstrainings etabliert.

18

Tabelle 3:

Mögliche Inhalte von Führungstrainings

Kommunikation und Gesprächsführung	– Kommunikationsmodelle – Fragetechniken – Aktives Zuhören – Feedbackregeln – Regeln der Verständlichkeit
Selbstkenntnis	– Persönlichkeitsmodelle – Eigenes Persönlichkeitsprofil – Eigene Werte, Motive und Einstellungen – Wirkung der eigenen Person – Eigene Stärken und Schwächen
Führungskonzepte und -theorien	– Führungsfunktionen und -aufgaben – Führungsstile – Mitarbeitermotivation – Soziale Rollen und Interaktion – Gruppenprozesse
Führungsinstrumente	– Führungsleitlinien – Beurteilungssysteme – Zielvereinbarung – Delegation und Kontrolle – Führungsbarometer
Personalentwicklung	– Auswahlverfahren – Training und Coaching – Arbeitsgestaltung
Leitung und Steuerung von Gruppen	– Moderation und Diskussionsleitung – Gruppendynamische Prozesse – Teamdiagnose und Teamentwicklung
Arbeitsmethoden- und Managementtechniken	– Arbeitsorganisation – Zeitmanagement, Prioritätensetzung – Problemlösestrategien – Planungs- und Entscheidungstechniken – Kreativitätstechniken – Strategieentwicklung – Projektmanagement – Change Management – Präsentationstechniken – Visualisierungsmethoden
Spezielle Themen	– Arbeitsrecht – Innovationen – Gesundheitsförderung – Diversity Management – Globalisierung, kulturelle Unterschiede

2 Modelle, Konzepte und Theorien

Führungskräfteentwicklung ist ein systematischer Prozess, der aus mehreren Schritten besteht. Es ist eine wesentliche Voraussetzung für den Erfolg eines Führungskräftetrainings, dass das Training als einzelne Maßnahme in eine Gesamtstrategie der Führungskräfteentwicklung eingebunden ist. Dazu müssen zunächst Ziele formuliert werden. Auf der Grundlage des Vergleichs von Anspruch und Wirklichkeit wird dann der Entwicklungsbedarf analysiert. Schließlich werden Maßnahmen mit entsprechenden Inhalten und Methoden konzipiert und durchgeführt, um den Bedarf zu decken. Abschließend ist der Erfolg zu evaluieren. In diesem Kapitel werden diese einzelnen Schritte erläutert sowie die wichtigsten Theorien und Konzepte im Bereich Führungskräfteentwicklung im Überblick vorgestellt.

2.1 Gesamtstrategie: PE-Zyklus

Training als Baustein systematischer Führungskräfte- entwicklung Zur Entwicklung einer einheitlichen Führungskultur ist es wichtig, Anforderungen und Erwartungen an Führungskräfte klar zu formulieren. Das gilt vor allem für die Zielgruppe der neuen Führungskräfte, die von außen in die Organisation kommen, und für den Führungskräftenachwuchs. Es stehen zahlreiche Strategien und Verfahren zur Verfügung, mit denen das Verhalten von Führungskräften und damit auch die Führungskultur in einer Organisation diagnostiziert und der Entwicklungsbedarf abgeleitet werden kann. Die Wirksamkeit der auf dieser Grundlage entwickelten und durchgeführten Maßnahmen wird dann überprüft. Damit ergibt sich folgender Zyklus (Abbildung 4):

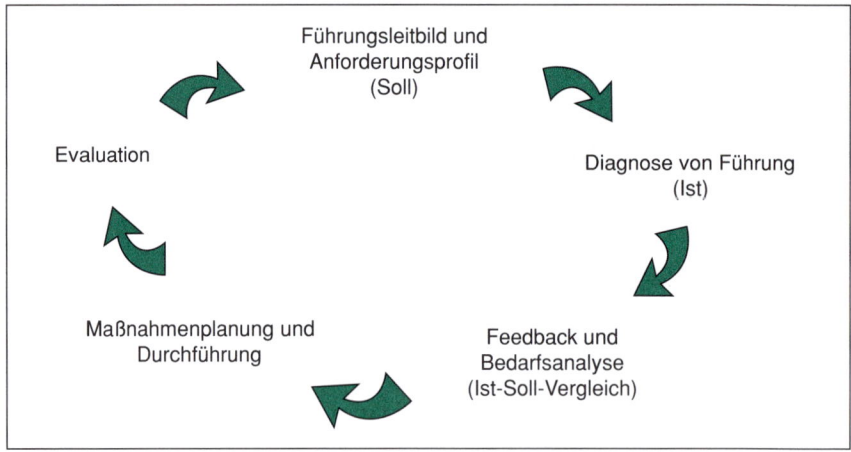

Abbildung 4:
PE-Zyklus

1. Führungsleitbild und Anforderungsprofil (Soll)
2. Diagnose von Führung und Bedarfsanalyse (Ist-Soll-Vergleich)
3. Maßnahmenplanung und Durchführung
4. Evaluation.

2.1.1 Führungsleitbild und Anforderungsprofil (Soll)

Ausgangspunkt der Führungskräfteentwicklung ist die Ermittlung des Bedarfs. Welche *Aufgaben und Ziele* sollen von den aktuellen und zukünftigen Führungskräften erfüllt bzw. erreicht werden? Dabei kann auf Modelle der Führung zurückgegriffen werden, die hier eine gewisse Systematik liefern (Organisieren, Planen, Entscheiden, Kontrollieren, Motivieren etc.) (vgl. Kapitel 1.3.2). Vor diesem Hintergrund der Aufgaben und Ziele lassen sich *Anforderungen* ableiten, die zur erfolgreichen Bewältigung erforderlich sind. Bei der *Anforderungsanalyse* wird üblicherweise auf das Urteil betrieblicher Experten wie z. B. erfahrene Führungskräfte zurückgegriffen, die abschätzen, welche Kompetenzen und Verhaltensweisen zur Erledigung bestimmter Aufgaben bzw. zur Bewältigung erfolgsrelevanter Situationen wichtig sind.

Darüber hinaus bedarf es eines *Führungsleitbildes*, in dem die Aufgaben und Erwartungen an eine Führungskraft formuliert sind. Führungsleitbilder oder Führungsleitlinien artikulieren diese Erwartungen und sind eine entscheidende Grundlage für die Entwicklung und Steuerung des Führungsverhaltens in einer Organisation. Sie geben Orientierung und dienen als Messlatte für die Bewertung von Führungsverhalten. Gerade junge Nachwuchsführungskräfte sind angesichts unterschiedlicher und zum Teil widersprüchlicher Führungsmodelle, die sie in der Organisation erleben, häufig unsicher, was von ihnen erwartet wird.

Aufgaben und Erwartungen an das Verhalten in einem Leitbild formulieren

In Tabelle 4 sind Beispiele für Leitlinien zum Thema Führungsverantwortung aus zwei unterschiedlichen Organisationen aufgelistet. Tabelle 5 zeigt zwei Leitlinien mit zusätzlichen Kommentaren zum besseren Verständnis und Erläuterungen, wie diese Leitlinien konkret umgesetzt werden können (vgl. Felfe, 2009, S. 67).

Als Ausgangspunkt für die Entwicklung eines Führungsleitbildes bietet sich eine Mitarbeiterbefragung bzw. eine Führungsstilanalyse an, mit der sich die aktuelle Führungssituation analysieren lässt. Vor dem Hintergrund der Fragen, welche Stärken erhalten und weiter ausgebaut und welche Schwächen und Probleme wie behoben werden müssen, entwickeln Geschäftsführung und Führungskräfte in einer Abfolge von Workshops gemeinsam ein Leitbild. Die Beteiligung bei der Entwicklung eines Leitbildes hat für die einbezogenen Führungskräfte bereits den Charakter einer Führungskräfteentwicklung.

Konkrete *Führungsinstrumente* sind erforderlich, um die Umsetzung der Leitlinien zu gewährleisten. Hierzu gehören neben Anforderungsprofilen

Instrumente unterstützen die Umsetzung des Leitbildes

21

1. Organisation A	2. Organisation B
Führungsverantwortung gegenüber Mitarbeitern bedeutet, dass – ihnen unabhängig vom Status Respekt, Wertschätzung und Loyalität entgegengebracht werden, – ihre individuellen Potenziale angemessen bewertet und gefördert werden, – mit ihnen gemeinsam eine offene sachbezogene, zielorientierte und ehrliche Kommunikation gepflegt wird, – man sich für gesunde Arbeitsbedingungen einsetzt.	*Wer Führungsverantwortung in der Organisation wahrnimmt:* – steht für Ziele und Handlungen auch im Fall von Widerständen ein, – ist selbstkritisch, stets bereit zu lernen und sich weiterzuentwickeln, – weiß um die eigene Vorbildfunktion und handelt entsprechend, – ist entscheidungsfähig, aber auch bereit, einmal getroffene Entscheidungen ggf. zu revidieren.

Tabelle 5:
Führungsleitlinien mit Kommentar und Erläuterung

1. Leitlinie: Führen in der XY GmbH heißt: Vorbild sein!	2. Leitlinie: Anspruchsvolle Ziele sind für uns in der XY GmbH eine Herausforderung
Kommentar und Erläuterung: Für die Akzeptanz als Führungskraft ist kompetentes, glaubwürdiges und nachvollziehbares Verhalten notwendig. So bieten unsere Führungskräfte wichtige Orientierungen für das Verhalten der Mitarbeiter und setzen damit Maßstäbe für das tägliche Miteinander, das durch Verantwortung und Initiative geprägt ist. *Dies erreichen wir, indem unsere Führungskräfte …* – nur das fordern, was sie selbst vorleben! – so führen, wie sie selbst geführt werden möchten. – konstruktive Kritik einfordern und darin Chancen für Entwicklung sehen.	*Kommentar und Erläuterung:* Ziele geben unserem Handeln Orientierung und machen Erfolg messbar. Ziele sind ein unverzichtbares Führungsinstrument. Zur Sicherung unserer Marktführerschaft setzen wir uns ehrgeizige Ziele. *Dies erreichen wir, indem …* – messbare persönliche Ziele abgeleitet und gemeinsam vereinbart werden. – faire und regelmäßige Kontrollen der Führungskraft und dem Mitarbeiter helfen, die vereinbarten Ziele zu erreichen. – wir gemeinsam realistische Maßnahmen zur Zielerreichung erarbeiten, insbesondere wenn die Erreichung gefährdet ist.

und Ziel- und Beurteilungssystemen vor allem unterschiedliche Formen von Mitarbeitergesprächen: Zielvereinbarungsgespräch, Beurteilungsgespräch, Teambesprechungen.

Konkrete Gesprächsleitfäden und Materialien (Checklisten, Tools etc.) sowie klare Aufgabenkataloge (Führungshandbuch oder Führungskalender) sind eine weitere wertvolle Hilfestellung. Aus ihnen geht auch hervor, was von einer Führungskraft erwartet wird und wann und wie diese Instrumente einzusetzen sind. Im Folgenden ist ein Leitfaden für ein Beurteilungsgespräch beispielhaft dargestellt (siehe Kasten; in Anlehnung an Felfe, 2009, Checkliste zur Durchführung eines Beurteilungsgesprächs). Weitere Hinweise zur Durchführung von Mitarbeitergesprächen finden sich bei Felfe (2009) sowie Hossiep, Bittner und Bernd (2008).

Leitfaden für ein Beurteilungsgespräch
Eröffnung/Kontakt
– Begrüßung; entspannte Atmosphäre schaffen – Gesprächsziele, Ablauf und offene Fragen klären
Selbsteinschätzung durch Mitarbeiter
– Mitarbeiter stellt Beurteilung seiner Leistungen vor – Vorgesetzter fragt bei Unklarheit nach
Abgleich mit Vorgesetztensicht (Feedback)
– Gemeinsamkeiten bestätigen und begründen – Stärken anerkennen und Schwächen sachlich ansprechen – Ursachen für unterschiedliche Sichtweisen aufklären
Endgültige Beurteilung
– In begründeten Fällen Beurteilung korrigieren – Mitarbeiter bei abweichender Beurteilung überzeugen
Entwicklungsperspektiven
– Gemeinsame Identifikation von Weiterbildungs- bzw. Veränderungsbedarf – Vereinbarung von Personalentwicklungsmaßnahmen
Abschluss/Kontakt
– Ergebnisse in Protokoll festhalten – Positiver Abschluss

Wichtig ist, dass die Instrumente und Leitlinien nicht isoliert nebeneinander stehen, sondern in einem integrierten Konzept sorgfältig aufeinander abgestimmt sind. Die wichtigsten Instrumente der Mitarbeiterführung sind im Folgenden aufgelistet:
– Unternehmensleitbild/-leitlinien mit,
– Führungsleitbild/-leitlinien,
– Ziel- und Beurteilungssystem,
– Anforderungsprofile,

- Mitarbeitergespräche (Zielvereinbarung, Beurteilung etc.),
- Coaching von Mitarbeitern durch Führungskräfte,
- Führungsstilanalyse (z. B. 360°-Feedback),
- Führungshandbuch.

Die Leitlinien und Instrumente müssen von den Führungskräften mit Leben erfüllt werden. Ihre Kenntnis und die richtige Anwendung sind hierfür wichtige Voraussetzungen. Damit sind sie zentraler Inhalt von Führungskräftetrainings.

2.1.2 Diagnose von Führung und Bedarfsanalyse (Ist-Soll-Vergleich)

Die Diagnose des individuellen Führungsverhaltens wie auch der Führungskultur sind wichtige Voraussetzungen, um den Entwicklungs- und Trainingsbedarf zu ermitteln. Führungskräfte können hinsichtlich ihres Führungsverhaltens durch ihre Mitarbeiter, den jeweils nächsthöheren Vorgesetzten, aber auch durch Kollegen auf gleicher Ebene eingeschätzt werden. Werden alle Perspektiven berücksichtigt, spricht man von einem *Multi-Rater-* oder *360-Grad-Feedback* (Scherm & Sarges, 2002). Werden nicht alle Perspektiven (Vorgesetzte, Mitarbeiter, Kollegen, Kunden) berücksichtigt, spricht man auch von einem *180-Grad-Feedback*. Meist werden die Fremdurteile auch noch der Selbsteinschätzung gegenübergestellt. Verbreitet ist jedoch vor allem die Einschätzung der unmittelbaren Führungskraft durch ihre Mitarbeiter.

Von der Analyse auf Gruppenebene (Gesamtorganisation) ist die Diagnose auf individueller Ebene (einzelne Führungskraft) zu unterscheiden. Geht es um die Diagnose bzw. die Analyse der Führung im gesamten Unternehmen, steht die Führungskultur bzw. das Führungsklima im Mittelpunkt. Dabei werden Stärken und Schwächen auf der Ebene der Gesamtorganisation oder einzelner Organisationsbereiche deutlich. Die Ergebnisse werden zum einen, wie zuvor beschrieben, dazu genutzt, Leitlinien zu formulieren *("Führungsverantwortung gegenüber Mitarbeitern bedeutet, dass man sich für gesunde Arbeitsbedingungen einsetzt")* und zum anderen herangezogen, um Trainings- und Entwicklungsbedarfe für bestimmte Zielgruppen zu erkennen (z. B. Training für Zeitmanagement oder Gesundheitsförderung).

Auf der Individualebene steht die einzelne Führungskraft im Mittelpunkt. Aus den Einschätzungen der direkt unterstellten Mitarbeiter wird ein individuelles Profil erstellt, aus dem die persönlichen Stärken und Schwächen einer Führungskraft ersichtlich werden. Meist ist diese Einschätzung Bestandteil des *Beurteilungssystems*, das zusätzlich zur üblichen Abwärtsbeurteilung (Führungskraft beurteilt Mitarbeiter) auch die *Aufwärtsbeurteilung* als umgekehrte Beurteilungsrichtung vorsieht (Mitarbeiter beurteilt

Bedarfsanalyse durch Vergleich von Selbst- und Fremdeinschätzung

Führungskraft). Diese Form der Aufwärtsbeurteilung wird häufig auch als *Führungsbarometer*, Führungsstilanalyse oder Führungs- bzw. Managementfeedback bezeichnet. Zu Inhalten und zum Ablauf, insbesondere zum gemeinsamen Auswertungsgespräch mit den Mitarbeitern finden sich detaillierte Hinweise in Form von Ablaufplänen und Checklisten bei Felfe (2009).

Weitere Instrumente zur Diagnose der Führungskompetenz sind sogenannte Förder-ACs oder auch Feedback-Center. Dabei handelt es sich um *Assessment-Center*-Verfahren (Kleinmann, 2013), die nicht zur Auswahl externer Bewerber, sondern zur Entwicklung interner Führungskräfte oder Nachwuchskräfte genutzt werden. Mithilfe dieser Diagnosen wird der individuelle Entwicklungsbedarf ermittelt. Auf dieser Grundlage werden dann Trainings, Coaching oder andere Maßnahmen zur Weiterentwicklung vereinbart.

Wie eine solche Individualanalyse aussehen kann, ist exemplarisch in Abbildung 5 dargestellt. Hier ist ein Teil des Ergebnisprofils zur Diagnose „gesundheitsförderlicher Führung" zu sehen (vgl. Abschnitt 5.4). Die Führungskraft selbst (grüne Linie) und ihre Mitarbeiter (schwarze Linie) haben eingeschätzt, wie gesundheitsförderlich die Führungskraft ihre Mitarbeiter

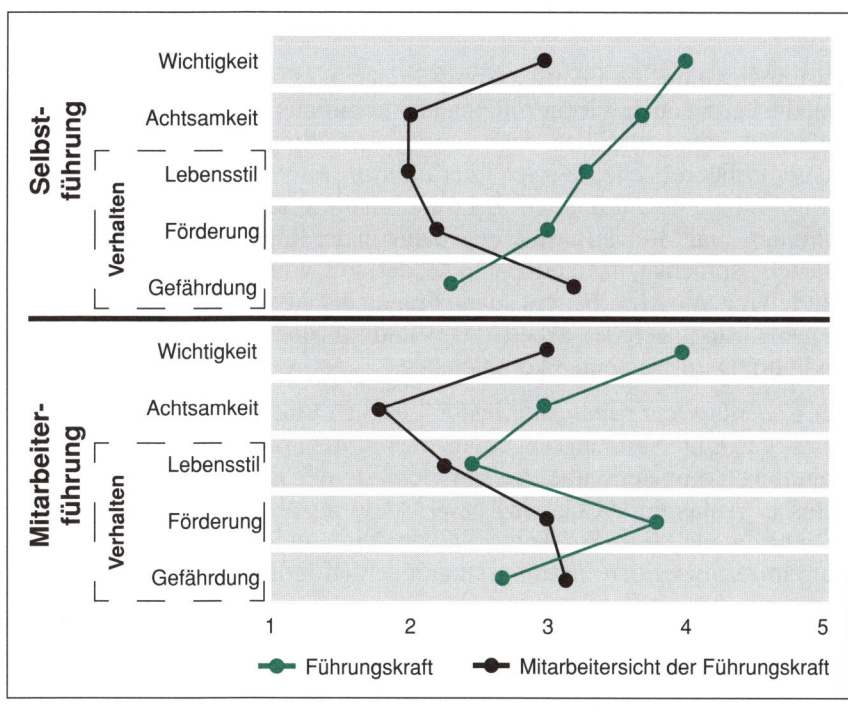

Abbildung 5:
Einschätzung gesundheitsförderlicher Führung durch Mitarbeiter und Führungskraft

führt (Staff Care) und wie sie im Sinne von Selbstführung mit ihrer eigenen Gesundheit umgeht (Self Care).

Aus dem Vergleich der Profile wird ersichtlich, dass die Einschätzungen vor allem in Bezug auf Achtsamkeit und Wichtigkeit voneinander abweichen. Die Mitarbeiter schätzen ein, dass die Führungskraft die Gesundheit ihrer Mitarbeiter nicht so wichtig nimmt und nur teilweise bemerkt, wie es ihnen geht. An diesen Abweichungen kann ein Training oder Coaching ansetzen und Verantwortungsbewusstsein und die Aufmerksamkeit für gesundheitsrelevante Signale der Mitarbeiter stärken (z. B. Gesundheitswissen, gesundheitsförderliche Kommunikation und Vorbildwirkung).

Es ist zu beachten, dass die Grenze zwischen Analyse bzw. Diagnose und Maßnahmen, die im folgenden Abschnitt noch ausführlicher dargestellt werden, fließend ist. Grundsätzlich gilt, dass die Diagnose bereits einen ersten Interventionsschritt darstellt. Durch die Diagnose wird die Führungskraft für das Thema Führung sensibilisiert. Außerdem wird sie sich des eigenen Verhaltens bewusst und mit dem Fremdbild durch die Mitarbeiterperspektive konfrontiert. Das kann bereits der Auslöser für Veränderungen des eigenen Führungsverhaltens sein.

2.1.3 Maßnahmenplanung und Durchführung

Zur Entwicklung von Führungskompetenz gibt es unterschiedliche Methoden, die häufig auch wieder miteinander kombiniert werden, um eine optimale Wirkung zu entfalten. *Führungskräftetrainings* haben den Anspruch, nicht nur theoretisches Wissen über Führung zu vermitteln, sondern konkretes Verhalten zu trainieren. Zentrale Inhalte sind neben den klassischen Führungs- und Motivationstheorien daher in der Regel das Führen von Mitarbeitergesprächen, das Leiten und Moderieren von Gruppensitzungen, die Beurteilung von Mitarbeitern sowie Fragen der Arbeitsorganisation. Hinzu können Grundlagen des Arbeitsrechts und Informationen zu den wichtigsten Führungsinstrumenten kommen.

Bei *Coaching und Mentoring* handelt es sich um sehr individuelle Beratungs- und Unterstützungsangebote, die auf die Förderung von beruflicher Handlungskompetenz und die Entwicklung der Persönlichkeit abzielen. Typische Anlässe für Coaching bzw. Mentoring sind z. B. die Übernahme einer neuen Funktion, Probleme mit dem Zeit- und Selbstmanagement, Umgang mit schwierigen Führungssituationen (Konflikte u. Ä.) oder Unklarheiten über eigene Karriereziele (Offermann & Steinhübel, 2006). Während Coaching vor allem Hilfe zur Selbsthilfe leisten soll, bietet Mentoring direkte Unterstützung und unmittelbare Hilfe an. Mentoren kommen meist aus der gleichen Organisation, um ihre Kontakte und Erfahrungen zur Verfügung zu stellen. Sie unterstützen direkt und indirekt vor dem Hintergrund ihrer Position und langjährigen Erfahrung mit ihrem Wissen, konkreten

Tipps, ihren Kontakten und machen mitunter auch ihren Einfluss geltend. *Projektleitung oder Vertretung* sind weitere Möglichkeiten, um in einem begrenzten Bereich bzw. über einen begrenzten Zeitraum Führungserfahrung zu sammeln und damit schrittweise Kompetenz aufzubauen (vgl. Kapitel 3).

2.1.4 Evaluation

Der letzte Schritt im PE-Zyklus beinhaltet die Überprüfung der Wirksamkeit der durchgeführten Maßnahme. Dazu wird verglichen, inwieweit sich der Ist-Zustand vor der Maßnahme dem gewünschten Soll-Zustand angenähert hat.

Unter Evaluation wird die planmäßige und systematische Überprüfung von Maßnahmen oder Interventionen verstanden. Die systematische Erfahrungsaufbereitung mit dem Ziel der *Bewertung von Handlungsalternativen* (z. B. Fortsetzung, Abbruch, Veränderung) dient einer begründeten, rationalen Entscheidungsfindung auf unterschiedlichen Ebenen (Wottawa & Thierau, 2003). Mit ihrer Hilfe lassen sich unterschiedliche Ziele verfolgen
– Überprüfung der Wirkung des Trainings
– Optimierung und Weiterentwicklung des Trainings
– Legitimation/Entscheidung über zukünftige Anwendung/Weiterführung.

Was bei der Überprüfung der Wirksamkeit von Führungskräftetrainings zu beachten ist, wird in Abschnitt 2.3 erläutert.

2.2 Lern- und Trainingskonzepte (Lehr- und Lernmethoden)

Um Führungskompetenzen zu trainieren, stehen unterschiedliche Methoden zur Verfügung (Rollenspiel, Videofeedback, Fallstudien etc.). Diese Trainingsmethoden, die in den Kapiteln 3 und 4 ausführlicher besprochen werden, basieren auf unterschiedlichen psychologischen Konzepten vom Lernen und Lehren, die sich zum Teil überschneiden, aber jeweils unterschiedliche Schwerpunkte setzen. Es lassen sich grob zwei Gruppen unterscheiden:

Unterschiedliche Ansatzpunkte: Verhalten und Persönlichkeit

1. Eine Gruppe von Ansätzen stellt das *konkrete Verhalten* in den Mittelpunkt. Dieses Verhalten kann durch Übung und Training erlernt werden. Welche Motive, Einstellungen und Werte hinter dem Verhalten stehen, ist hier zweitrangig.
2. Eine andere Gruppe stellt die *Persönlichkeit* in den Vordergrund. Hier geht es gerade darum, dass sich Führungskräfte der eigenen Motive, Einstellungen und Verhaltensmuster durch Selbsterfahrung bewusst werden und diese kritisch reflektieren. Dabei wird davon ausgegangen, dass eine

Veränderung und Entwicklung der Persönlichkeit auch entsprechende Verhaltensänderungen nach sich zieht. Hier wird argumentiert, dass eine oberflächliche Verhaltensänderung wenig nachhaltig sein wird, wenn sie nicht durch entsprechende Einsichten und Überzeugungen getragen wird. Abbildung 6 bietet einen Überblick über die einzelnen Konzepte, die im Folgenden kurz erläutert werden.

Erfahrungen im Mittelpunkt des Lernens Grundsätzlich ist zu beachten, dass das Lernen Erwachsener vor allem von *Erfahrungen* geleitet und beeinflusst wird (Day et al., 2009). Lernen erfolgt weniger auf „Vorrat", sondern mit Blick auf unmittelbaren praktischen Nutzen. Die Besonderheiten sind bei der Konzeption von Führungskräftetrainings zu berücksichtigen, zum Beispiel, indem an Erfahrungen angeknüpft wird, Raum für Feedback und Reflexion eigener Erfahrungen gegeben wird und die praktische Anwendung des Gelernten systematisch vorbereitet wird.

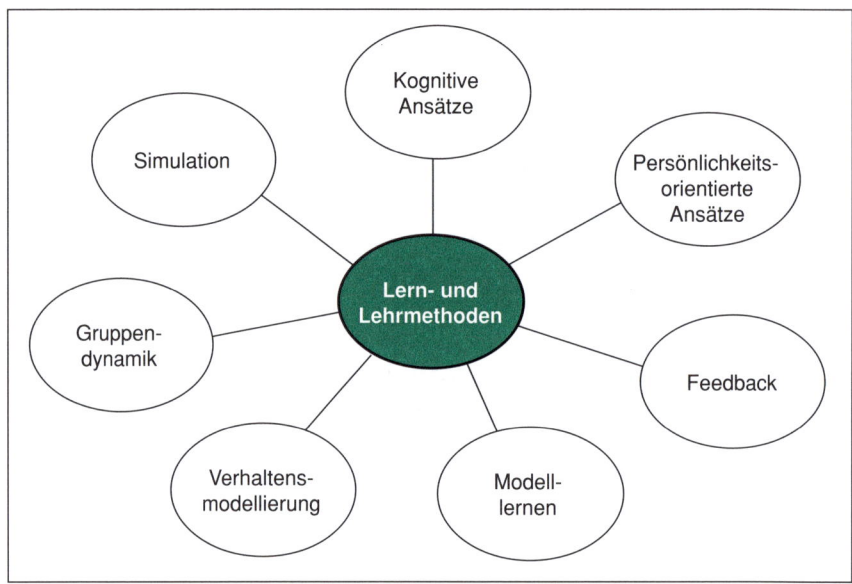

Abbildung 6:
Überblick der wichtigsten Lern- und Lehrmethoden

2.2.1 Modelllernen

Wie lernen Menschen eigentlich? Hier gibt es verschiedene Möglichkeiten: theoretische Vorträge, Bücher oder das Internet, eigener Versuch und Irrtum, durch systematische Anleitung, Belohnung und Bestrafung etc. Eine weitere Möglichkeit besteht darin, andere, die es bereits können, zu beobachten und das Verhalten nachzuahmen. Diese Form des Lernens ist vor allem für das Lernen von sozialen Verhaltensweisen wie Kommunikation und Kooperation von Bedeutung. Wie Menschen mit anderen Menschen umgehen, haben sie sich bei anderen „abgeschaut". Waren andere mit dem Verhalten erfolgreich, d.h. wurden sie dafür belohnt, steigt die Wahrscheinlichkeit, sich daran zu orientieren. Das heißt, sie dienen als Modell für das eigene Verhalten. Dieser Lernmechanismus wird daher auch als *Lernen am Modell* oder *soziales Lernen* bezeichnet (Bandura, 1979). Die Motivation, das Verhalten von anderen zu imitieren, steigt zusätzlich, wenn wir uns mit ihnen identifizieren, weil wir ihnen ähnlich sind oder sie uns attraktiv erscheinen, z.B. aufgrund eines hohen Status (Holling, 2000; Sonntag & Schaper, 1999).

Wenn sich Nachwuchsführungskräfte an ihren eigenen direkten oder höheren Vorgesetzten orientieren und versuchen, ihrem Vorbild zu folgen, findet bereits Modelllernen statt. Das Lernen am Modell wird in Führungstrainings aber auch systematisch zum Erlernen und Einüben neuer Verhaltensweisen benutzt, wenn z.B. der Trainer eine Gesprächseröffnung vormacht oder ein Video von einem Zielvereinbarungsgespräch gezeigt wird.

Unterschieden wird zwischen *positiven und negativen Modellen*: Negative Modelle zeigen, wie es nicht geht, indem typische Fehler mit entsprechenden negativen Konsequenzen gezeigt werden. Positive Modelle machen deutlich, mit welchem Verhalten positive Ergebnisse erzielt werden können. Erfolgreiche Modelle sind immer auch Beispiele, die als Beweis dienen, dass und wie ein bestimmtes Verhalten funktioniert. Ohne Modell mag es beispielsweise schwer vorstellbar sein, wie man mit bestimmten Frage- und Gesprächstechniken im Mitarbeitergespräch einen Konflikt lösen kann. In diesem Sinne zeigen Modelle nicht nur, wie es geht (Instruktion), sondern motivieren auch. Es ist durchaus möglich, dass die erste Nachahmung eines beobachteten Verhaltens gleich gelingt und zum Erfolg führt. Dies ist jedoch wahrscheinlicher, wenn das neue Verhalten selbst schrittweise *trainiert* werden kann und es eine systematische Rückmeldung im Sinne von *Feedback* zum Lernfortschritt gibt.

2.2.2 Verhaltenssimulation – Rollenspiele und Planspiele

Der Grundgedanke der Verhaltenssimulation besteht darin, dass relevante Führungssituationen im Training simuliert und auf diese Weise konkretes Verhalten praktisch eingeübt und trainiert wird. *Rollenspiele* eignen sich vor allem, um Verhalten in sozialen Situationen zu trainieren. Damit kommt den Rollenspielen auch in der Führungskräfteausbildung eine besondere Bedeutung zu. Typische Situationen sind Mitarbeitergespräche, Teamgespräche etc. Dabei übernehmen die Teilnehmer verschiedene Rollen (Führungskraft oder Mitarbeiter), die unterschiedlich stark strukturiert sein können. Das Spektrum reicht von improvisierten Ad-hoc-Rollenspielen (Wie reagiere ich auf einen provozierenden Redebeitrag in einer Teamsitzung?) bis hin zu Konfliktrollenspielen mit detaillierten Instruktionen, bei denen die Spielpartner unterschiedliche Informationen und Rollenvorgaben erhalten. Dabei wird die Dynamik komplexer Gesprächssituationen erlebbar.

Rollenspiele erlauben nicht nur das Erproben und Trainieren bestimmter Verhaltensweisen in einem geschützten Raum, sondern machen zunächst auch die Funktion und Bedeutung unterschiedlicher Rollen und der damit verbundenen Perspektiven deutlich. Rollenspiele erleichtern die *Perspektivübernahme* und das Verständnis für die Sichtweisen, Motive und Emotionen der jeweils anderen Position (Empathie), wie folgende typische Erfahrung verdeutlicht: *„Erst als ich selbst in der Rolle des Mitarbeiters war, habe ich gemerkt, wie es ist, wenn man überhaupt nicht mehr zu Wort kommt"*. So kann eine Führungskraft z. B. die Wirkung ihres Verhaltens in einem Mitarbeitergespräch erproben, indem eine andere Führungskraft die Rolle des Mitarbeiters übernimmt und entsprechend auf das Verhalten des Vorgesetzten reagiert.

Videofeedback trägt dazu bei, die Qualität und Intensität des Feedbacks zu steigern und damit den Lernprozess effizienter zu gestalten. Die Teilnehmer erhalten ein objektives, ungefiltertes Bild ihres eigenen Verhaltens, das ihnen hilft, sich selbst bewerten zu können. Die Konfrontation mit dem eigenen Bild ist besonders hilfreich, um z. B. die Wirkung der nonverbalen Kommunikationsanteile (Gestik, Mimik) oder auch der Zwischentöne (Ungeduld, Abwertung) besser zu verstehen, wie folgende Erfahrung verdeutlicht: *„Erst als ich selbst im Video gesehen habe, wie ich den Mitarbeiter im Gespräch behandelt habe, konnte ich das Feedback der anderen Teilnehmer und des Trainers verstehen"*. Diese Lerneffekte sind allerdings nur dann möglich, wenn die Teilnehmer bereit sind, sich auf die Spielsituation einzulassen. Die Sorge, eigene Ansprüche nicht zu erfüllen oder sich in den Augen der anderen Teilnehmer zu „blamieren", kann zu *Widerstand* gegenüber Rollenspielen und insbesondere gegenüber Videofeedback führen. Rollenspiele setzen damit ein vertrauensvolles und wertschätzendes Lernklima voraus.

Zusammenfassend ermöglichen Rollenspiele folgende Lerneffekte (Holling & Liepmann, 2007):
– Die Übernahme fremder Rollen und Perspektiven erhöht die Fähigkeit, das Denken, Fühlen und Verhalten anderer Personen (z. B. Mitarbeiter) besser zu verstehen.
– Die Beobachtung eigenen Verhaltens auf Video kann bereits eine Einstellungs- oder Verhaltensänderung bewirken.

– Indem andere Trainingsteilnehmer in den Rollenspielen beobachtet werden, kann das eigene Verhaltensrepertoire erweitert werden (Modelllernen).

Bei *Planspielen* handelt es sich in der Regel um die Simulation und das Training komplexerer Situationen, wie z. B. Verhandlungen, Krisenszenarien oder strategische Managemententscheidungen. Häufig sind hier mehrere Parteien beteiligt: Unternehmen, Kunden, Zulieferer, Bürgervertreter, Medien etc. Das Ziel von komplexen Simulationen ist es, verschiedene Verhaltensweisen in einem geschützten Raum ohne Risiko kennenzulernen, auszuprobieren und zu üben. Auch hier kommen Rollenspiele zum Einsatz. Mit ihrer Hilfe werden relevante Führungssituationen simuliert, wie z. B. Teamsitzungen, Verhandlungen oder Präsentationen.

Im weiteren Sinne zählen auch Projekte sowie das „Action Learning", bei denen Nachwuchsführungskräften eine gemeinsame Aufgabe übertragen wird, zu diesen Ansätzen. Die Entwicklung der Führungskompetenzen geschieht dann nicht nur im Seminarraum, sondern als *kontinuierlicher und interaktiver Prozess* im realen Unternehmensumfeld (Day, 2000).

2.2.3 Feedback

Aus der Personalentwicklung ist der Einsatz von Feedback nicht wegzudenken. Gerade beim Training sozialer Interaktionen ist der Lernende auf das Feedback seines Interaktionspartners angewiesen, da nur der Partner einschätzen kann, wie das Verhalten gewirkt hat und wie es erlebt wurde – z. B. wenn im Mitarbeitergespräch der vermeintlich gute Ratschlag als persönlich verletzende Kritik oder die vermeintlich sachliche Frage als Vorwurf erlebt wurde. Bei der Wirkung des eigenen Verhaltens handelt es sich also um einen „Blinden Fleck" (Hall, 1974) in der Wahrnehmung des eigenen Handelns. Das Feedback ergänzt zunächst eine fehlende Information und unterstützt damit die Verhaltenssteuerung.

Lernen durch Feedback basiert aber auch auf dem Prinzip der *operanten Konditionierung* (Skinner, 1974), nach dem gewünschtes Verhalten dann gelernt wird, wenn es verstärkt wird *(Belohnung)* und unerwünschtes Verhalten abgeschwächt wird, indem es nicht verstärkt bzw. bestraft wird *(Bestrafung)*. Ziel des Feedbacks ist es daher auch, dem Lernenden Hinweise darüber zu geben, inwieweit sein gezeigtes Verhalten dem gewünschten Zielverhalten entspricht, ihn mit Lob und Anerkennung für positives Verhalten und Lernfortschritte zu bestärken und ihn mit konstruktiver Kritik und Verbesserungsvorschlägen zu unterstützen. Damit Feedback aber akzeptiert wird und die erhoffte Wirkung hat, sind folgende Feedbackregeln zu beachten, da ansonsten mit Widerstand z. B. in Form von Ablehnung und Rechtfertigung zu rechnen ist.

- Die Rückmeldung sollte *unmittelbar* und nicht erst zu einem späteren Zeitpunkt erfolgen, wenn die Motivation nur noch gering ist und die Erinnerung verblasst.
- Das Feedback muss *konkret und spezifisch* und nicht pauschal und allgemein formuliert sein. So sollten sowohl positive als auch negative Aspekte anhand konkreter Beobachtungen belegt werden. Damit wird Feedback nicht nur glaubwürdig, sondern liefert konkrete Hinweise für das eigene Verhalten.
- Das Feedback wird vor allem dann angenommen, wenn die Beziehung zwischen Feedbackgeber und Feedbacknehmer durch *Vertrauen, Wertschätzung und Respekt* geprägt ist.
- Zudem genießt Feedback dann hohe Akzeptanz, wenn der Feedbackgeber über entsprechende *Expertise und Kompetenz* verfügt.
- Da Feedback auch den Selbstwert des Empfängers berührt, sollte immer auf Ausgewogenheit geachtet werden, indem genügend *positive Elemente* enthalten sind.
- Damit Feedback als hilfreich und *konstruktiv* erlebt wird, sollten kritische Punkte nicht nur benannt, sondern zur Orientierung immer auch Lösungsmöglichkeiten und Handlungsalternativen aufgezeigt werden.
- Die Rückmeldung sollte auf die *individuellen Bedürfnisse und Möglichkeiten* des Lernenden eingehen. Unsichere oder leistungsschwache Lernende brauchen beispielsweise besonders spezifisches und wertschätzendes Feedback.

Feedback durch Trainer oder andere Teilnehmer sollte stets mit der Möglichkeit zur *Selbstreflexion* kombiniert werden. Der Lernende kann durch einfache Reflexionsfragen im Anschluss an Übungen dazu angeregt werden, das eigene Verhalten und die Mechanismen, die dazu geführt haben, bewusst wahrzunehmen, zu verstehen und zu bewerten. Erfolgt Feedback ausschließlich von außen, sinkt die Wahrscheinlichkeit, dass Lernende eigene Fehler selbst erkennen und selbstständiges Lernen stattfindet. Erst der Abgleich von Selbst- und Fremdeinschätzung ermöglicht, die Selbstwahrnehmung und -steuerung zu verbessern. Untersuchungen haben gezeigt, dass der Einsatz solcher Selbstreflexionstechniken mit einer Verbesserung der eigenständigen Verhaltensorganisation, einer Erhöhung der Handlungsflexibilität und einer Verbesserung der Problemlösefähigkeit einhergeht (Schaper & Sonntag, 1997).

2.2.4 Verhaltensmodellierung (behavior modeling)

Bei der Verhaltensmodellierung werden mehrere Lernmethoden wie Modelllernen, Rollenspiel und Feedback kombiniert. Charakteristisch ist hier der Ablauf, der aus mehreren Phasen besteht: (1) Einführungsphase, (2) Verhaltensdarbietung, (3) Übungsphase und (4) Transfer. Die Phasen erinnern an die bekannte Vier-Stufen-Methode in der beruflichen Bildung: (1) Einstimmen, (2) Vormachen, (3) Nachmachen und (4) Üben (Schelten, 2005).

In der *Einführungsphase* geht es darum, den Problembereich kennenzulernen und die Aufmerksamkeit der Lernenden auf spezifische Aspekte des zu erlernenden Verhaltens (Zielverhalten) zu richten. Dies geschieht durch Vorträge oder in Gruppendiskussionen. Das Zielverhalten wird dann weiter konkretisiert, indem Lernpunkte definiert werden. In Tabelle 6 sind beispielhaft Lernpunkte für ein Training zur Gesprächsführung aufgeführt.

Tabelle 6:

Mögliche Lernpunkte im Training von Kritikgesprächen

Situationen	Beispiele für Lernpunkte
Kritik ansprechen	– Einzelne Kritikpunkte genau benennen – Konsequenzen aufzeigen – Verhalten statt Person kritisieren
Ursachen analysieren	– Offene Fragen stellen – Ausreden lassen – Unterschiedliche Ursachenbereiche ansprechen
Lösung entwickeln	– Vorschläge erfragen – Akzeptanz und Motivation prüfen – Konkrete Vereinbarungen treffen

Als nächste Phase schließt sich die *Verhaltensdarbietung* an. Das Zielverhalten wird vom Trainer vorgemacht oder in einem Video gezeigt. Dabei ist es durchaus sinnvoll, nicht nur positive Modelle (wie es richtig geht) zu präsentieren, sondern dies auch mit negativen Modellen zu kontrastieren. So kann zum Beispiel ein Video zeigen, wie eine Führungskraft im Kritikgespräch ein konkretes Verhalten kritisiert, während ein zweites Video eine Führungskraft in derselben Situation zeigt, die den Mitarbeiter als Person kritisiert.

Die Teilnehmer schätzen im Anschluss in der Gruppe die jeweils positiven und negativen Konsequenzen der Verhaltensmodelle ein. Die differenzierte Reflexion des Zielverhaltens verdeutlicht die Bedeutung der einzelnen Aspekte des Modellverhaltens. Im Anschluss werden die relevanten Aspekte in Form einfacher Begriffe und als Regeln festgehalten („Den Mitarbeiter

Verhaltensmodellierung: beim Training systematisch vorgehen

33

zunächst nach eigenen Lösungsvorschlägen fragen, anstatt eigene Lösungen anzubieten"). Es bietet sich an, die Teilnehmer die Regeln in eigenen Worten formulieren zu lassen, um die Behaltensleistung und Akzeptanz zu steigern.

In der *Übungsphase* wird das Zielverhalten von den Teilnehmern selbst eingeübt. Handelt es sich um komplexe Verhaltensweisen wie bei einem Gespräch, bietet sich eine Zerlegung des Verhaltens in mehrere Sequenzen an, die sich einzeln leichter trainieren lassen: z. B. Kontakt- und Eröffnungsphase, Kritikphase, Problemlösephase, Abschluss. Im Anschluss erfolgt jeweils ein Feedback vor dem Hintergrund der zuvor erarbeiteten Regeln. Wertschätzendes und positives Feedback unterstützt die Lernmotivation und fördert Selbstvertrauen, das Verhalten auch in der Praxis einzusetzen (Transfer). Für ein sicheres Lernen sind mehrere Übungsdurchgänge erforderlich *(Verhaltenswiederholung)*. Das Feedback kann durch Videoeinsatz zusätzlich intensiviert werden. Insbesondere die aktiven Rollenspieler haben dadurch die Möglichkeit, ihr eigenes Verhalten zu beobachten.

Abschließend sollte der *Transfer* in den Berufsalltag explizit angesprochen und diskutiert werden. Welche Schwierigkeiten sind dabei zu erwarten und wie können sie z. B. durch die Unterstützung von Vorgesetzten überwunden werden? Idealerweise kann das Zielverhalten auch „vor Ort" geübt, die Erfahrungen in anschließenden Gruppentreffen ausgetauscht und Erfolge weiter positiv verstärkt werden (Manz & Sims, 1981). Studien belegen die hohe Wirksamkeit von Verhaltensmodellierung sowohl in Bezug auf das Lernen des Verhaltens als auch auf dessen Transfer (Burke & Day, 1986; Taylor, Russ-Eft & Chan, 2005).

2.2.5 Kognitive Ansätze – Einstellungen, Werte und Problemlösen

Die bisher genannten Lernmechanismen und -methoden legen ihr Augenmerk darauf, Verhalten zu trainieren und zu optimieren. Wichtig sind aber, wie eingangs erwähnt, auch die *Einstellungen und Werte* sowie die konkreten Pläne und Strategien, die hinter dem Verhalten liegen. Eine Führungskraft, die davon überzeugt ist, dass ihre Mitarbeiter intrinsisch motiviert und leistungsbereit sind (Einstellung gegenüber Mitarbeitern), wird sie eher in Entscheidungen einbinden und Verantwortung übertragen (Verhalten) als eine Führungskraft, die davon ausgeht, dass Mitarbeiter nur extrinsisch motiviert sind. Sie wird eher enge Vorgaben machen und die Leistungen der Mitarbeiter genau kontrollieren. Werte und Einstellungen beeinflussen demnach maßgeblich das Handeln.

Einstellungen, Werte und Überzeugungen als Ansatzpunkt

Diese Einstellungen beziehen sich nicht nur auf die Mitarbeiter, sondern auch auf die eigene Führungsrolle. Die Vorstellung der Führungskraft darüber, was eine Führungskraft können und tun muss und wie man am besten mit Mitarbeitern umgeht, wird auch als *implizite Führungstheorie* bezeichnet. Gedanken, die dabei eine Rolle spielen, sind zum Beispiel:

- „Ich muss über alles Bescheid wissen",
- „Ich muss zeigen, wer hier der Chef ist",
- „Ich muss mehr können als meine Mitarbeiter",
- „Ich muss immer da und erreichbar sein",
- „Ich muss es möglichst allen recht machen".

Gerade Führungskräfte erleben oft Rollenkonflikte, weil sie glauben, unterschiedlichsten Erwartungen von Vorgesetzten, Mitarbeitern und Kollegen gerecht werden zu müssen. Solche Gedanken und Erwartungen können das Handeln erschweren oder gar lähmen und zu ungünstigen Verhaltensmustern führen. Aus diesem Grund ist es wichtig, dass sich Führungskräfte ihrer eigenen Einstellungen, Werte und impliziter Theorien bewusst werden und diese kritisch hinterfragen.

Basierend auf *kognitiven Ansätzen der Verhaltenstherapie* wie z. B. der Rational-Emotiven Therapie von Albert Ellis (1984) gibt es eine Reihe von Trainingsmethoden, um Einstellungen bewusst zu machen (Konfrontationen, Phantasie- und Vorstellungsübungen). Ein zentraler Aspekt dieser kognitiven Ansätze ist *Selbsterfahrung*. Ziel ist es, „irrationale", realitätsferne oder sogar falsche Gedanken und Grundannahmen bewusst zu machen (z. B.: *„Mitarbeiter sind im Prinzip faul"*), zu hinterfragen und zu verändern, um so erwünschte Verhaltensänderungen zu ermöglichen.

Neben Einstellungen, Werten und impliziten Theorien wird das Verhalten durch kognitive Prozesse beeinflusst. Wie eine Führungskraft z. B. einen Konflikt wahrnimmt, bewertet und löst, hängt von Urteilsheuristiken, Regelwissen, Problemlösestrategien etc. ab. Der Fokus liegt hier weniger auf den übergreifenden Werten als auf der Qualität der Analysefähigkeit in einer Problemsituation. Das Verhaltensergebnis wird eher nicht optimal sein, wenn die Analyse nur unvollständig ist, wichtige Einflussfaktoren und Wechselbeziehungen übersehen werden, Ursache und Wirkung vertauscht werden und nur ein geringes Repertoire an Lösungsstrategien zur Verfügung steht. Ein Beispiel ist der sogenannte *fundamentale Attributionsfehler*. Demnach neigen Personen und damit auch Führungskräfte bei Fehlern und Problemen eher dazu, den Mitarbeiter als Ursache zu sehen und die Bedeutung der möglicherweise ungünstigen Situation zu vernachlässigen (z. B. Mitchell & Wood, 1980). Ein weiteres Beispiel ist die *„Verfügbarkeitsheuristik"*: Demnach überschätzen Personen den Einfluss von Faktoren, die ihnen eher bekannt sind. Wichtige Ursachen werden leichter übersehen, wenn sie weniger bekannt und damit bei der Problemanalyse weniger verfügbar sind (Gilovich, Griffin & Kahneman, 2002).

Fehlurteile und soziale Urteilsprozesse als Ansatzpunkte

Um solche kognitiven Prozesse bewusst zu machen und die Analyse- und Problemlösefähigkeit in kritischen Führungssituationen zu trainieren, können entsprechende *Fallstudien* (Case Studies) eingesetzt werden. Im Vergleich zum Rollen- oder Planspiel handelt es sich hierbei eher um eine „Trockenübung", da nicht das konkrete Verhalten simuliert wird. Vielmehr geht es darum, das Problem in seiner Komplexität zu erfassen, eigene Ziele zu formulieren und konkrete Schritte und Strategien zu planen. Es wird davon ausgegangen, dass angemessene Ziele und eine gute Planung die Grundlage für erfolgreiches Handeln sind.

2.2.6 Gruppendynamische Ansätze

Gruppendynamische Ansätze wurden in den 70er und 80er Jahren verstärkt in Führungskräftetrainings eingesetzt (z. B. Sensitivity Trainings, Encounter, T-Groups). Intensive Gruppenerfahrungen sollen es den Teilnehmern ermöglichen, Erkenntnisse über die Form und Wirkung ihres Verhaltens auf andere Personen zu gewinnen, Einblicke in die Beweggründe und das Verhalten anderer zu erhalten und Gruppenprozesse besser zu verstehen (Sonntag & Stegmaier, 2006). Bei gruppendynamischen Trainings und Übungen steht die *Selbsterfahrung* im Vordergrund. In der Interaktion mit den anderen Teilnehmern und durch gegenseitiges Feedback sollen sich die Teilnehmer ihrer eigenen Denk- und Verhaltensmuster bewusst werden (z. B. dominierende, aktive oder passive Rolle, Erleben von Autonomie oder Abhängigkeit, Ängste und Vermeidungstendenzen) sowie gruppendynamische Prozesse verstehen (Macht-Ohnmacht, Konflikte, Einfluss, soziale Angst, Beziehungen, Gruppendruck und Konformität). Auf diese Weise entwickeln sie ein differenzierteres Selbstbild und lernen, bewusster mit sozialen Situationen umzugehen (König & Schattenhofer, 2009).

Dieser Trainingsansatz geht auf die durch Kurt Lewin bekannt gewordenen T-Groups (Trainingsgruppen) zurück. Um diese gruppendynamischen Prozesse erlebbar zu machen, wird auf eine vorgegebene Struktur verzichtet. Stattdessen werden die Teilnehmer angehalten, sich auf das „Hier und Jetzt" zu konzentrieren und sich mit sich und ihrer Situation auseinanderzusetzen. Im Mittelpunkt stehen direkte Kommunikation, Emotionen und gegenseitiges Feedback.

Selbsterfahrung in offenen, unstrukturierten Situationen

Es werden bewusst keine konkrete Themen oder Ziele vorgegeben und auch der Trainer übernimmt nicht die klassische Führungsrolle. Dadurch wird erreicht, dass sich die Teilnehmer mit sich selbst konfrontieren und gemeinsam einen Gruppenprozess mit unterschiedlichen Phasen durchlaufen. Die Rolle des Trainers beschränkt sich darauf, der Gruppe durch Feedback ihr Verhalten zu spiegeln und auf die Einhaltung von Regeln zu achten. Insgesamt wird durch die unmittelbare (Selbst-)Erfahrung eine hohe emotionale Dichte und Betroffenheit erzeugt. Die Teilnehmer haben z. B. nicht die Möglichkeit sich zu entziehen und ihr altes „Selbstbild" zu schützen, indem sie auf Sachthemen ausweichen oder behaupten, in der Praxis „ganz anders" zu sein. Beispielsweise wird jemand, der sich in der Trainingsgruppe als wenig offen gegenüber Kritik zeigt, kaum glaubhaft vermitteln können, für die Kritik der Mitarbeiter immer ein offenes Ohr zu haben und Kritik dankbar aufzugreifen.

Um bestimmte gruppendynamische Prozesse gezielt erlebbar zu machen, werden auch gruppendynamische *Übungen* verwendet (Antons, 2011; Vopel, 1996). Dabei handelt es sich um Gruppenaufgaben mit spielerischem Charakter. Der Realitätsbezug ist gering wie bei der bekannten NASA-Übung (hier simulieren die Teilnehmer einen Entscheidungsprozess bei einer Mondexpedition), dem Turmbau (hier basteln die Teilnehmer einen Turm aus Papier) oder dem Gefangenendilemma (hier geht es um die Frage, ob man den Mitgefangenen vertraut). Vielmehr dienen die Übungen als Metapher für zentrale Themen (Führung, Kooperation, Kommunikation, Vertrauen), die dann in der Reflexion bearbeitet werden. Wie die Erkenntnisse in die Praxis umgesetzt werden können, wird dann in einem weiteren Auswertungsschritt bearbeitet.

Um Strukturen und Beziehungen in Gruppen zu verdeutlichen, gibt es die Methode der *Soziometrie*. Dazu werden die Gruppenmitglieder gebeten, sich gegenseitig mit Blick auf unterschiedliche Kriterien anonym einzuschätzen: „Mit wem würden Sie am ehesten ein schwieriges Projekt angehen, mit wem am liebsten eine Party organisieren, oder mit wem ein privates Problem besprechen?" Ausgewertet wird, wie häufig einzelne Gruppenmitglieder gewählt werden und ob die Wahl auf Gegenseitigkeit beruht. In der Visualisierung der gegenseitigen Wahlen wird z. B. deutlich, wer eine zentrale Rolle einnimmt, ob es Untergruppen gibt und wie stark der Zusammenhalt der Gruppe ist. Die Erlebnisintensität wird gesteigert, wenn die Strukturen einer Gruppe von den Teilnehmern real im Raum dargestellt werden. Mit dieser Methode der *Aufstellung* oder Skulptur können die unterschiedlichen Beziehungen (z. B. Nähe und Distanz), Status und Positionen (oben auf einem Stuhl stehend oder unten auf dem Boden kauernd), aber auch Rollen und die Gefühle (z. B. durch Blickrichtung, Haltung, Gestik, Mimik) der Personen in einem sozialen System deutlich gemacht und bearbeitet werden.

Gruppendynamische Modelle, Übungen und Methoden dienen vor allem auch der Klärung und Bewältigung von Konflikten. Die Teilnehmer lernen, Konflikte zu erkennen, ihre (Eigen-)Dynamik zu verstehen und eigene Anteile zu sehen. Vor diesem Hintergrund kann es leichter gelingen, Konflikten aktiv entgegenzutreten, anstatt ihnen aus dem Wege zu gehen und im Sinne eines Konfliktmanagements (Schwarz, 2005) zu einer konstruktiven Lösung beizutragen.

Selbsterfahrung und Erleben in gruppendynamischen Prozessen sind auch bei den sogenannten *Outdoor-Trainings* zentral (vgl. Kapitel 3.3). Hier werden die Attraktivität und Intensität gesteigert, indem Aufgaben und Übungen nicht im vertrauten Kontext eines Seminarraumes durchgeführt wer-

Mit praxisfernen Übungen vertraute Muster bewusst machen

den, sondern reale Herausforderungen in der Natur bewältigt werden. Durch den ungewöhnlichen und andersartigen Kontext werden sich die Teilnehmer leichter ihrer vermeintlich „normalen" Verhaltensmuster bewusst und können diese kritisch reflektieren. Aktuelle Entwicklungen in diesem Bereich nutzen auch *völlige Dunkelheit* als Trainingssetting (z. B. „Dialog im Dunkeln"). Unter der Anleitung blinder Trainer werden gruppendynamische Übungen in vollständiger Dunkelheit durchgeführt und anschließend ausgewertet. Die Dunkelheit erfordert, sich in der zunächst unsicheren Situation gemeinsam neu zu orientieren und Vertrauen zu entwickeln. Zudem bedarf es einer intensiveren gegenseitigen Unterstützung. Führungskräfte erleben ihre eigenen Strategien im Umgang mit Unsicherheit und erfahren die Bedeutung präziser Kommunikation. Systematische Forschung gibt es hierzu allerdings noch nicht.

Ältere Überblicksarbeiten zur Wirksamkeit gruppendynamischer Ansätze ziehen insgesamt eine positive Bilanz (Gebert, 1972; Smith, 1975). Überwiegend wurden positive Veränderungen im Sinne eines günstigeren Selbstkonzepts, mehr Toleranz gegenüber anderen, höherer Motivation, intensiver sozialer Beziehungen und verbesserter Kooperation berichtet. Jedoch gibt es auch kritische Stimmen, die Risiken in unerwünschten Effekten (Minderung des Selbstwertgefühls und Verunsicherung bei einzelnen Teilnehmern) sowie der mangelnden Übertragbarkeit der vorrangig persönlichen Veränderungen auf den beruflichen Alltag sehen (z. B. von Rosenstiel, 1989). Malik (2006) warnt in diesem Zusammenhang auch vor einer „Psychologisierung" (S. 53) des Managements, wenn konkrete Managementprobleme auf Beziehungsprobleme reduziert werden und als solche bearbeitet werden.

2.2.7 Persönlichkeitsorientierte Ansätze

Die eigene Persönlichkeit verstehen und nutzen

Gerade bei Führungskräftetrainings werden Maßnahmen zur Persönlichkeitsentwicklung oft als wichtiger Bestandteil erachtet. Um andere erfolgreich führen zu können, muss man sich seiner eigenen Bedürfnisse und der Wirkung auf andere Personen bewusst sein. Maßnahmen zur Persönlichkeitsentwicklung sollen die Teilnehmer zu einem grundsätzlichen Nachdenken über ihre eigene Persönlichkeit und ihre individuellen Stärken und Schwächen anregen. Dabei geht es weniger darum, *wie* sich Führungskräfte verhalten sollen, sondern darum zu verstehen, *warum* eine Führungskraft sich so verhält, wie sie es tut. Persönlichkeitsorientierte Ansätze gehen davon aus, dass die Kenntnis und Entwicklung der eigenen Persönlichkeit der Schlüssel zur Entwicklung als Führungskraft ist. Selbsterfahrung und Selbstreflexion helfen dabei, sich selbst bewusst zu beobachten und die eigenen Motive und Ziele besser kennenzulernen. Neben gruppendynamischen Prozessen kann die Selbstkenntnis und Selbstreflexion durch *Persön-*

lichkeitstests gefördert werden (für einen Überblick über entsprechende Testverfahren siehe auch: Hossiep & Mühlhaus, 2005). Einige dieser Tests sind hier exemplarisch aufgeführt:

- Das *Bochumer Inventar zur berufsbezogenen Persönlichkeitsbeschreibung* (BIP) von Hossiep und Paschen (2003) erfasst 14 Dimensionen, die vier Bereiche (1) Berufliche Orientierung (z. B. Leistungsmotivation), (2) Arbeitsverhalten (z. B. Gewissenhaftigkeit), (3) Soziale Kompetenzen (z. B. Durchsetzungsstärke) und (4) Psychische Konstitution (z. B. Emotionale Stabilität) abbilden.

- Das *Hamburger Führungsmotivationsinventar* (FÜMO) von Felfe, Elprana, Gatzka und Stiehl (2012) diagnostiziert die motivationalen Voraussetzungen der Führung. Werden dabei Motivationshindernisse wie z. B. die Vermeidung von Ablehnung erkannt, können diese ggf. durch gezielte Beratung oder Coaching bearbeitet werden. Führungsmotivation ist eine wesentliche Voraussetzung für das Anstreben einer Führungsposition (Elprana, Gatzka, Stiehl & Felfe, 2012).

- Weniger oder gar nicht wissenschaftlich fundiert, aber in der Praxis verbreitet sind das *Herrmann Dominanz Instrument* (HDI) mit den vier Mischtypen gewissenhaft, rational, intuitiv und emotional (Herrmann, 1991), das DISG mit den vier Mischtypen *d*ominant, *i*nitiativ, *s*tetig und *g*ewissenhaft (Marston, 1928) oder der *Golden Profiler of Personality* (GPOP; Golden, Bents & Blank, 2004), mit dem verschiedene Wahrnehmungs- und Urteilspräferenzen (Extraversion oder Introversion, Sinneswahrnehmung oder Intuition, Analytisches Entscheiden oder wertorientiertes Entscheiden, Strukturorientierung oder Wahrnehmungsorientierung) kombiniert werden, um den individuellen Typus zu bestimmen.

Die Persönlichkeitsentwicklung steht auch im Zentrum des Persönlichkeitscoachings von Riedelbauch und Laux (2011). Um zu einer individuellen Führungsidentität zu gelangen, müssen sich die Führungskräfte ihrer realen *Selbstbilder* („Was kann ich wirklich gut, worauf bin ich stolz?") und normativen Selbstbilder („Was würde ich gerne ändern?") sowie ihrer Selbstdarstellungsmuster bewusst werden. Auf dieser Grundlage können die eigenen Ressourcen erweitert werden.

Bewusste und unbewusste *Motive* bestimmen als Teil der Persönlichkeit das Verhalten von Führungskräften und Mitarbeitern. Das 3K-Modell von Kehr (2004) unterscheidet die drei Komponenten (1) explizite (selbsteingeschätzte) Motive, (2) implizite (unbewusste) Motive und (3) subjektive Fähigkeiten. Dafür stehen die Metaphern Kopf, Bauch und Hand. Sind alle drei Bereiche im Einklang, sind Personen intrinsisch motiviert und verfolgen ihre Ziele mit Nachdruck. Sind die Bereiche jedoch nicht in Übereinstimmung (z. B.: „Ich will ein Ziel erreichen (explizit), habe aber keine Lust auf die Aufgabe (implizit) oder sogar Angst zu versagen"), braucht es zur Unterstützung einen umso stärkeren Willen. Der Einsatz von Willenskraft

Motive und Motivationsverluste bei sich und anderen verstehen kann durchaus erfolgreich sein, kostet aber Energie, die sich anderweitig besser einsetzen ließe. Im Führungstraining werden sich Führungskräfte ihrer eigenen Motivkonstellationen bewusst und können dadurch Zielkonflikte erkennen und abbauen. Die Herangehensweise in der *Selbstführung* lässt sich auch auf die Mitarbeiterführung übertragen. Führungskräfte diagnostizieren die Motivlage ihrer Mitarbeiter und helfen motivationale Barrieren auszuräumen.

2.2.8 Lernorte – on the job/off the job

In der Führungskräfteentwicklung lassen sich Maßnahmen danach unterteilen, ob sie „on the job", also direkt am Arbeitsplatz, oder „off the job", d. h. in Schulungszentren oder in Hotels durchgeführt werden. Diese Unterscheidung hat nicht nur eine organisatorische Bedeutung, sondern es werden mit den unterschiedlichen Lernorten auch unterschiedliche Lernkonzepte verfolgt. Führungskräftetrainings und Seminare sind typische „off the job"-Veranstaltungen. Projekte, Action Learning und Coaching sind Beispiele für „on the job"- oder zumindest „near the job"-Veranstaltungen. Der Vorteil von arbeitsplatznahen Formaten ist die größere Praxisnähe und Individualisierung, durch die vor allem eine bessere Umsetzung erzielt werden kann. Dahinter liegt die Annahme, dass der Lernerfolg umso größer ist, je mehr der Lernprozess in die Praxis verlagert wird.

Die Praxisferne von „off the job"-Trainings kann aber durchaus auch ein Vorteil sein, wenn die Teilnehmer im Seminarkontext eher die Möglichkeit haben, ihre Praxis aus kritischer Distanz zu reflektieren und in einem geschützten Raum neue Erfahrungen zu machen. Zudem ist die Vermittlung von Grundlagen (Führungswissen, Führungsinstrumente, Gesprächsführung) sehr aufwändig und kostenintensiv, wenn sie individuell erfolgt und am Arbeitsplatz häufig auch nicht möglich (Rollenspiele, Videofeedback). Auch gibt es keine Möglichkeiten des Erfahrungsaustauschs unter den Teilnehmern.

Vor allem zur Vermittlung grundlegender Führungskompetenzen sind Trainings „off the job" damit eher geeignet. Hier stehen die Anwendung bzw. Aneignung bereits erprobter Lösungen im Vordergrund. Allerdings bestehen weniger Möglichkeiten, auf individuelle Teilnehmervoraussetzungen einzugehen und die Umsetzung in die Praxis zu unterstützen bzw. zu begleiten. Aus diesen Gründen bietet es sich in der Führungskräfteentwicklung an, beide Formen zu kombinieren. Grundlagen und Basiskompetenzen werden in Trainings „off the job" vermittelt und die Unterstützung der Umsetzung am Arbeitsplatz erfolgt durch ein anschließendes Coaching „on the job". Die wichtigsten Chancen und Risiken beider Formen sind in Tabelle 7 aufgelistet.

Chancen und Risiken unterschiedlicher Lernorte

	„off the job"-Training	„on the job"-Training
Chancen	– Vermittlung von Grundlagen – Systematisches Training – Ungestörter, geschützter Raum – Lernen in der Gruppe (gegenseitige Unterstützung, Modelllernen, Erfahrungsaustausch)	– Bearbeitung und Klärung individueller Fragen und Probleme – Entwicklung individueller Lösungen – Praxisnähe und Transferchancen
Risiken	– Probleme beim Praxistransfer – Umsetzungsschwierigkeiten – Standardlösungen – „Gießkannenprinzip"	– Zeit und Kosten – Weniger gemeinsames Lernen in der Gruppe

2.2.9 Externe oder interne Trainings?

Trainings können vom Unternehmen intern oder extern organisiert und so auch von internen oder externen Trainern durchgeführt werden. Bei der Planung sind die jeweiligen Vor- und Nachteile abzuwägen sowie der konkrete Entwicklungsbedarf zu berücksichtigen. Externe Trainer und Berater sind unabhängiger und können daher eine zusätzliche Perspektive anbieten. Außerhalb des Unternehmens liegende Tagungsorte können im Vergleich zu Seminarräumen im Unternehmen neben einer stimulierenden Atmosphäre auch die nötige Distanz zu den alltäglichen Arbeitsproblemen ermöglichen.

Werden Trainings durch Mitarbeiter der internen Personalabteilung durchgeführt, kann unter Umständen zielgerichteter an Problemen und der Ausbildung von Kompetenzen gearbeitet werden, weil das Wissen über interne Strukturen und ein Verständnis der Arbeitskultur bereits gegeben sind. Manche Maßnahmen richten sich an alle Führungskräfte einer Unternehmensebene, sodass genügend Teilnehmer für ein internes Training vorhanden sind. Ist der Weiterentwicklungsbedarf jedoch sehr spezifisch, sehr kostenintensiv oder handelt es sich um ein kleines Unternehmen, dann können externe Veranstaltungen gemeinsam mit Führungskräften aus anderen Unternehmen besucht werden. Neben den Trainingsinhalten spielt auch das „Netzwerken" in diesen Kontexten eine wichtige Rolle. So besteht die Möglichkeit, über den eigenen Tellerrand hinauszuschauen und wichtige Kontakte zu knüpfen. Allerdings besteht auch das Risiko, dass der offene Austausch behindert wird, wenn die Teilnehmer zu sehr darauf achten, das eigene Unternehmen positiv darzustellen oder Firmeninterna nicht weiterzutragen und aus diesen Gründen wichtige Themen und Probleme nicht ansprechen. Hierdurch kann sich die Trainingsatmosphäre negativ verändern.

2.2.10 Lernmethoden im Überblick

Lernorte, Trainer und Methoden bewusst auswählen

In den meisten Trainings ist eine reine Vermittlung von theoretischem Wissen oder die ausschließliche Nutzung von Verhaltensübungen selten, vielmehr werden unterschiedliche Methoden und Lernprinzipien miteinander kombiniert. Die Trainings bestehen aus einem Mix an Methoden und versuchen, die unterschiedlichen Ansätze optimal zu nutzen.Tabelle 8 gibt einen Überblick über die zentralen Lernkonzepte mit ihrem jeweiligen Fokus und theoretischem Hintergrund der zugehörigen Methoden. Damit wird insgesanmt auch deutlich, dass das Training von Führungskompetenz Zeit erfordert. Mit kurzweiligen Impulsvoträgen, einzelnen Tagesseminaren, Events oder ähnlichen „Schnellbesohlungen" lässt sich keine nachhaltige, seriöse Führungskräfteentwicklung betreiben. Außerdem braucht es im Anschluss an ein Training Zeit und Raum für Umsetzung und Erfahrungen, die dann wieder systematisch reflektiert werden können. Gerade Einstellungen und Werthaltungen ändern sich nicht von einem Tag auf den anderen.

Tabelle 8:
Übersicht über Lern- und Trainingskonzepte

	Fokus	Theorie	Methoden
Verhaltensorientierte Ansätze	– Konkretes Verhalten	– Modelllernen – Soziales Lernen	– Modelle – Beobachtung – Simulation (Rollenspiel, Planspiel) – Feedback
Gruppendynamische Ansätze	– Kommunikation – Gruppenprozesse – Emotionen	– Sozialpsychologie – Systemtheorie	– Übungen Selbsterfahrung – T-Gruppen
Persönlichkeitsorientierte Ansätze	– Einstellungen – Werte und Motive – Eigenschaften – Denk- und Verhaltensstile	– Persönlichkeitstheorien – Einstellung und Verhalten	– Selbsterfahrung – Tests
Kognitive Ansätze	– Problemösen – Strategien – Planung und Entscheidung – Soziale Urteilsprozesse	– Kognitive Theorien der Problemlösung und Handlungsregulation – Attribution – Urteilsheuristiken	– Fallstudien

2.3 Wirksamkeitsprüfung von Führungskräftetrainings

Eingangs wurde bereits auf die Bedeutung einer systematischen Evaluation hingewiesen, um die Wirksamkeit von Führungskräfteentwicklung belegen zu können. Gleichzeitig ist die Evaluation ein wichtiger Abschnitt im PE-Zyklus. Angesichts des hohen Aufwands, der im Bereich der Führungskräfteentwicklung betrieben wird, gibt es bislang vergleichsweise *wenige Studien*, die sich speziell mit der Wirksamkeit von Führungskräftetrainings befasst haben. Bei der Überprüfung der Wirksamkeit von Führungskräftetrainings stellen sich folgende Fragen:
– Anhand welcher Kriterien wird der Erfolg überprüft?
– Von welchen Faktoren hängt die Wirksamkeit bzw. der Alltagstransfer ab?
– Mit welchen Methoden kann die Wirksamkeit überprüft werden?
– Was zeigen bisherige Forschungsergebnisse?

Auf diese Fragen werden wir in den folgenden Abschnitten eingehen.

2.3.1 Erfolgskriterien von Führungskräftetrainings

Welches Kriterium muss erfüllt sein, damit ein Training als erfolgreich gelten kann? Tatsächlich gibt es hier unterschiedliche Kriterien. Nach der klassischen Einteilung von Kirkpatrick lassen sich vier Ebenen unterscheiden (vgl. Abbildung 7), die sich hinsichtlich der Reichweite des Lerneffekts unterscheiden (Kirkpatrick & Kirkpatrick, 2005):

Reaktion

Die Reaktionen der Trainingsteilnehmer beinhalten vor allem die unmittelbare Zufriedenheit mit dem Training und die subjektive Einschätzung des erlebten Nutzens. Üblicherweise wird dieser subjektive Eindruck mittels standardisierter Fragebögen unmittelbar im Anschluss an ein Seminar erhoben. Die Fragen beziehen sich auf die Inhalte und Methoden, aber auch auf die Organisation und die Kompetenz des Trainers. Typische Fragen sind:
– Inwieweit entsprachen die Themen und Inhalte Ihren Erwartungen?
– Wie gut haben die Methoden den Lernprozess unterstützt?
– Wie gut ist der Trainer auf die Bedürfnisse der Teilnehmer eingegangen?
– Wie nützlich sind die Lerninhalte für Ihre Praxis?
– Wie zufrieden waren Sie insgesamt mit dem Training?

Lernen

Mit dem Lernerfolg ist der konkrete Wissens- oder Kompetenzzuwachs direkt im Anschluss an das Training gemeint. Damit wird gezeigt, dass die Teilnehmer nicht nur subjektiv zufrieden waren, sondern tatsächlich einen

Abbildung 7:
Erfolgskriterien

Trainingserfolg
und Transfer-
erfolg unter-
scheiden

Lernzuwachs nachweisen können. Dieser Lernzuwachs kann zum Beispiel durch Wissenstests oder Prüfungen, in denen auch Verhalten gezeigt wird, überprüft werden. Allerdings ist mit einer erfolgreichen Prüfung noch nicht sichergestellt, dass das gewünschte Verhalten auch erfolgreich in der Praxis umgesetzt wird. Testfragen können z. B. sein:

– Aus welchen Phasen besteht ein Beurteilungsgespräch?
– Wie reagieren Sie, wenn sich der Mitarbeiter ungerecht beurteilt fühlt?
– Wie lassen sich Beurteilungsfehler vermeiden?

Verhalten

Mit diesem Kriterium sind Veränderungen im Führungs- und Arbeitsverhalten der Führungskraft in der Praxis gemeint. Damit wird geprüft, inwieweit die Anwendung der gelernten Inhalte in der Praxis gelingt. Zur Prüfung dieses Kriteriums können z. B. Mitarbeiter und Vorgesetzte gefragt werden, welche Veränderungen sie im Führungsverhalten des Trainingsteilnehmers beobachten. Allerdings ist mit einer erfolgreichen Prüfung noch nicht sichergestellt, dass die erfolgreiche Verhaltensänderung auch zu den gewünschten Resultaten im Sinne von Leistungsverbesserungen führt. Entsprechende einzuschätzende Statements lauten beispielsweise:

44

- Meine Führungskraft nimmt sich Zeit für ein ausführliches Beurteilungsgespräch.
- Ich kenne die Dimensionen und Bewertungsmaßstäbe, nach denen ich beurteilt werde.
- Meine Beurteilung ist transparent und nachvollziehbar.

Resultate

Erfolgreiches Führungsverhalten sollte sich positiv auf die Zufriedenheit und Leistung der Mitarbeiter auswirken. Die Veränderungen lassen sich anhand objektiver Kennziffern (bspw. Kostenreduzierung, Effizienzsteigerung, Zielerreichung) oder zumindest unabhängiger Einschätzungen von Mitarbeitern und Kunden nachweisen (Mitarbeiterzufriedenheit, Commitment, Kundenzufriedenheit).

Während es sich bei „Reaktion" und „Lernen" um Erfolgskriterien im Training handelt, prüfen die Kriterien „Verhalten" und „Resultate" Veränderungen am Arbeitsplatz, die aus dem Training resultieren. Damit lassen sich der längerfristige *Transfer* der Trainingsinhalte sowie die Erreichung organisationaler Ziele nachweisen.

Aus der Darstellung ist auch ersichtlich, dass die übergeordneten Ebenen der Wirksamkeit nur dann erreicht werden, wenn auch die darunter liegenden Kriterien erfüllt sind. So wird zum Beispiel eine Führungskraft, die mit dem Training unzufrieden ist, eher weniger gelernt haben und entsprechend weniger bereit sein, Gelerntes im Führungsalltag umzusetzen. Daher ist es sinnvoll, alle vier Ebenen bei der Wirksamkeitsprüfung zu bedenken. Die wichtigsten Erfolgskriterien für die Organisation sind allerdings das Verhalten und die Resultate, da diese den Transfererfolg messbar machen.

Die folgenden Kästen zeigen exemplarisch Fragen aus einem Evaluationsinstrument, das systematisch zur regelmäßigen Evaluation in der Führungskräfteausbildung eingesetzt wird (Franke & Felfe, 2012). Neben den Erfolgskriterien *Reaktion* (Zufriedenheit), *Verhalten* (Systematisches Führungsverhalten) und *Resultate* (Leistungssteigerung), werden mit diesem Instrument auch zentrale Erfolgsfaktoren wie *Transfermotivation*, *Transferorientierung* und *Unterstützung* durch das Unternehmen und den Vorgesetzten erfasst (siehe Abschnitt 2.3.2).

Die Aussagen zum Verhalten der Führungskraft lassen sich für die Fremdeinschätzung durch Mitarbeiter oder nächsthöheren Vorgesetzten entsprechend umformulieren (z. B. „Meine Führungskraft spricht mit mir über Ziele und Zielerreichung" bzw. „Die Führungskraft spricht mit ihren Mitarbeitern über Ziele und Zielerreichung").

Fragen zur Evaluation: Erfolgsfaktoren

Transfermotivation

- Bevor ich an dieser Weiterbildung teilgenommen habe, habe ich mir bereits überlegt, wie ich die Inhalte nutzen kann.
- Bevor ich an der Weiterbildung teilgenommen habe, habe ich mir bereits einzelne Probleme überlegt, bei denen ich mir Verbesserungen von der Weiterbildung erhoffte.
- Ich habe mich in der Weiterbildung angestrengt, um möglichst viel zu lernen.
- Ich bin entschlossen, möglichst viel von dem Gelernten anzuwenden und umzusetzen.
- Ich bin bereit, Zeit und Energie zu investieren, um das Gelernte für meine Arbeit weiterzuentwickeln.

Unterstützung durch das Unternehmen und den Vorgesetzten

- Das Unternehmen hat meine Teilnahme an der Weiterbildung sehr unterstützt.
- Was ich in der Weiterbildung gelernt habe, ist im Unternehmen mit Interesse aufgenommen worden.
- Um das Gelernte richtig umsetzen zu können, müssten die organisatorischen Voraussetzungen (Arbeitsabläufe, Entscheidungsbefugnisse etc.) verbessert werden. (rekodiert)
- Es fehlt einfach die Zeit, um das Gelernte richtig umsetzen zu können. (rekodiert)
- Ich habe im Unternehmen genügend Vorbilder für das, was ich in der Weiterbildung lerne.
- Mein(e) Vorgesetzte(r) schätzt meine Teilnahme an der Weiterbildung als nützlich für das Unternehmen ein.
- Mein(e) Vorgesetzte(r) hat dafür gesorgt, dass das „Neue" auch in die Praxis umgesetzt werden kann.
- Für eine bessere praktische Umsetzung des Gelernten bräuchte ich mehr Unterstützung durch meine(n) Vorgesetzte(n). (rekodiert)

Transferorientierung

- In der Weiterbildung selbst bin ich gut auf die praktische Umsetzung vorbereitet worden.
- In der Weiterbildung wurde schon über mögliche Probleme bei der praktischen Umsetzung gesprochen.
- Die Praxis der Teilnehmer sollte noch mehr bei der Gestaltung von Weiterbildungsinhalten berücksichtigt werden. (rekodiert)

Fragen zur Evaluation: Erfolgsfaktoren

Reaktion I: Zufriedenheit mit Inhalten und Dozent

- Die angebotenen inhaltlichen Schwerpunkte entsprachen insgesamt meinen Vorstellungen.
- Die einzelnen inhaltlichen Schwerpunkte waren insgesamt angemessen gewichtet.
- Die Inhalte waren insgesamt interessant und für die Praxis relevant.
- Die Dozierenden konnten die Inhalte methodisch gut vermitteln.
- Auf Fragen und Probleme der Teilnehmer wurde insgesamt gut eingegangen.
- Die Dozierenden waren fachlich kompetent.

Reaktion II: Gesamtzufriedenheit und Nutzen

- Meine Erwartungen an die Weiterbildung haben sich insgesamt erfüllt.
- Ich empfehle die Weiterbildung gerne weiter.
- Ich würde wieder an einer ähnlichen Weiterbildung teilnehmen.
- Ich glaube, dass sich die Weiterbildung positiv auf meinen beruflichen Erfolg auswirkt.
- Ich denke, dass sich die Weiterbildung positiv auf meine Karrierechancen auswirkt.
- Durch die Weiterbildung habe ich einige nützliche berufliche Kontakte geknüpft.

Verhalten: Systematisches Führungsverhalten

- Ich führe regelmäßig strukturierte Mitarbeitergespräche.
- Ich spreche mit den Mitarbeitern über Ziele und Zielerreichung.
- Ich führe regelmäßig strukturierte Teambesprechungen durch.
- Ich gebe meinen Mitarbeitern systematisches individuelles Feedback.
- Ich gehe Probleme und Konflikte direkt an.
- Ich betreibe systematisches Zeitmanagement.
- Ich nutze regelmäßig Planungs- und Entscheidungstechniken (z. B. Netzplan, SWOT).

Resultate I: Leistungssteigerung aus Vorgesetzten- und Mitarbeiterperspektive

- Seit Beginn seiner/ihrer Weiterbildung …
- … hat sich die Leistung in seinem/ihrem (Verantwortungs-)Bereich insgesamt verbessert.
- … sind seine/ihre Mitarbeiter motivierter.
- … werden die Zielvorgaben in seinem/ihrem (Verantwortungs-)Bereich leichter erreicht.
- … hat sich das Klima in seinem/ihrem Team verbessert.

- ... sind seine/ihre Mitarbeiter zufriedener.
- ... ist er/sie souveräner und selbstbewusster.
- ... reagiert er/sie gelassener und kann mit Stress besser umgehen.

Resultate II: Leistungssteigerung als Selbsteinschätzung
- Seit Beginn meiner Weiterbildung ... - ... hat sich meine berufliche Position verbessert. - ... habe ich Verantwortung für mehr Mitarbeiter bekommen. - ... hat sich mein Aufgaben- und Verantwortungsgebiet vergrößert. - ... verfüge ich über ein höheres Budget. - ... hat sich die Leistung in meinem (Verantwortungs-)Bereich insgesamt verbessert. - ... werden die Zielvorgaben in meinem (Verantwortungs-)Bereich leichter erreicht. - ... hat sich das Klima in meinem Team verbessert.

2.3.2 Transfererfolg und Transferhemmnisse

Wie bereits angeklungen, können unterschiedliche Faktoren die Wahrscheinlichkeit eines erfolgreichen Transfers erhöhen. Diese Faktoren lassen sich drei Bereichen zuordnen: (1) dem *Teilnehmer*, (2) der *Situation* im Unternehmen sowie (3) der *Trainingsgestaltung*. In einer Metaanalyse haben Colquitt, LePine und Noe (2000) bisherige Forschungsergebnisse gesichtet und die wichtigsten Merkmale identifiziert, die die Transferwahrscheinlichkeit erhöhen. Die Abbildung 8 gibt einen Überblick über die genannten Einflussfaktoren auf den Transfererfolg.

Erhöhung des Transfererfolgs durch drei Faktoren

Individuelle Merkmale der Teilnehmer

Relevante Erfolgsfaktoren aufseiten der Teilnehmer sind
- kognitive Fähigkeiten (Intelligenz),
- die Überzeugung, berufliche Situationen meistern zu können (Selbstwirksamkeitserwartung),
- eine ausgeprägte persönliche Bedeutung der Trainingsteilnahme (Motivation),
- Leistungsmotivation und Gewissenhaftigkeit,
- positive Einstellungen gegenüber der Arbeit und der eigenen Karriere (z. B.: Identifikation, Commitment).

In weiteren Untersuchungen wurde gezeigt, dass eine ausgeprägte Motivation, das Gelernte anzuwenden und im eigenen Berufsalltag umzusetzen *(Transfermotivation)* für eine nachhaltige langfristige Verhaltensänderung bedeutsam ist (Chiaburu & Lindsay, 2008; Franke & Felfe, 2012).

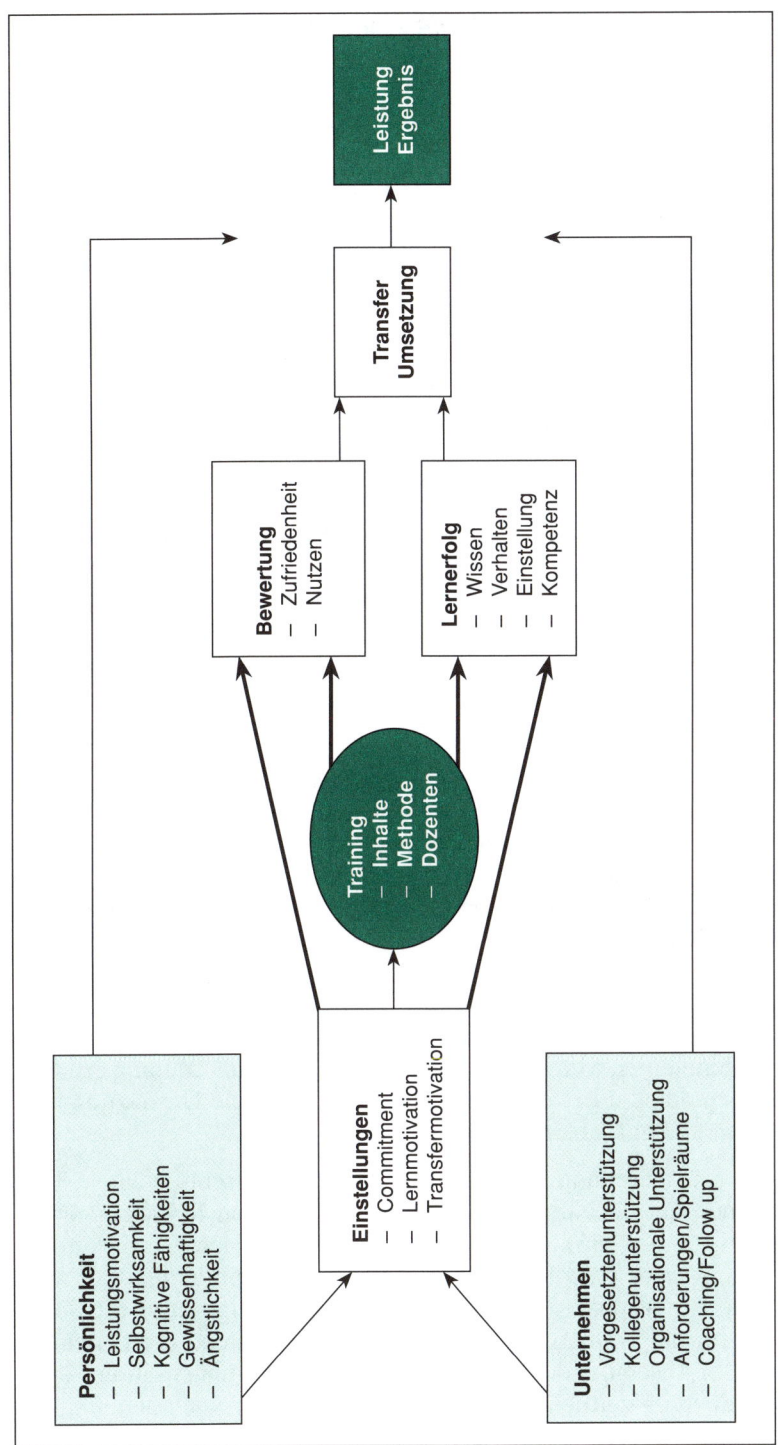

Abbildung 8:
Erfolgsfaktoren zum Transfer (nach Colquitt et al., 2000)

Merkmale der Situation im Unternehmen

Seitens des Unternehmens sind folgende Aspekte von Bedeutung:
– Unterstützung durch Vorgesetzte und Kollegen,
– positives, den Transfer unterstützendes Arbeitsklima.

Bei der Unterstützung kommt es nicht nur darauf an, dass den Trainingsteilnehmern Möglichkeiten und Ressourcen eingeräumt werden, die Trainingsinhalte umzusetzen. Wichtig ist auch, dass das Unternehmen Interesse an den Lernfortschritten zeigt (Anerkennung, Feedback) und im Unternehmen Führungskräfte vorhanden sind, die als Vorbilder zum Umsetzen der Trainingsinhalte anregen (Franke & Felfe, 2012).

Merkmale der Trainingsgestaltung

Hinsichtlich der Trainingsgestaltung sind folgende Erfolgsfaktoren zu beachten:
– Werden die eingesetzten Methoden an den Bedürfnissen der Teilnehmer und den Zielen des Trainings ausgerichtet?
– Ist aktives Lernen in Rollenspielen und Simulationen Bestandteil des Trainings?
– Werden unterschiedliche Trainingsmethoden kombiniert (Methoden-Mix)?
– Verfügt der Trainer über ausreichende Erfahrung mit den Inhalten und Methoden?

Die *organisationalen Rahmenbedingungen* sind für den Transfer besonders wichtig. Es reicht nicht aus, die Trainingssituation zu verbessern und die Motivation der Teilnehmer sicherzustellen. Vor allem die von den Teilnehmern wahrgenommene Unterstützung durch das Unternehmen führt bei den Teilnehmern zu einer langfristigen Veränderung ihres Führungsverhaltens (Franke & Felfe, 2012). Bereits im Vorfeld einer Trainingsmaßnahme sollten die Teilnehmer mit ihren Vorgesetzten im Sinne einer *Zielvereinbarung* über Erwartungen und Ziele sprechen und Vereinbarungen für die anschließende Umsetzung treffen. Dieser Gesprächsfaden sollte nach dem Training wieder aufgenommen werden: Was wurde tatsächlich im Training erreicht, inwieweit wurden die Erwartungen erfüllt, wie kann die Umsetzung konkret erfolgen und ggf. unterstützt werden?

Gerade die Nachbereitung und die Maßnahmen im Anschluss an ein Training sind hier von Bedeutung, wie das Modell der Transferlücke deutlich macht (Wilkening, 1986). Nach diesem Modell lässt sich der Verlauf des Lernerfolgs in unterschiedliche Phasen unterteilen (Abbildung 9). Bereits in der Vorbereitungsphase ist ein Anstieg des Lernerfolgs durch die Sensibilisierung für die Trainingsinhalte zu erkennen. Während der Durchführung und zum Abschluss des Trainings erreicht die Lernkurve ihren Höhepunkt, um dann im zeitlichen Verlauf wieder etwas abzunehmen und sich auf einem mittleren Niveau oberhalb des Ausgangszustands zu stabilisieren.

Die Ideal-Kurve nimmt hingegen einen stetig steigenden Verlauf. Die Diskrepanz zwischen individueller Lernkurve (Ist-Verlauf) und der Ideal-Kurve (Soll-Verlauf) wird als *Transferlücke* bezeichnet. Sie kann durch konkrete Umsetzungshilfen und Transferstrategien, wie bspw. Zielvereinbarungen, neue Aufgaben- und Verantwortungsbereiche, Lernpartnerschaften und Coaching geschlossen werden. Um den Lernprozess kontinuierlich weiterzuentwickeln, ist selbstorganisiertes Lernen der Teilnehmer notwendig.

Transfererfolg ist auch Führungsverantwortung

Insgesamt sollte der Transferproblematik auf den drei unterschiedlichen Ebenen Person, Organisation und Trainingsgestaltung begegnet werden, um einen langfristigen Lernerfolg sicherzustellen. Eine differenzierte *Bedarfsanalyse* zur Bestimmung der relevanten Trainingsinhalte sowie die Herstellung von größtmöglicher *Praxisnähe* sichern die Qualität des Trainings und erhöhen die *Motivation* der Teilnehmer.

Im Anschluss an eine Weiterbildungsmaßnahme gewinnen die Unterstützung durch die Organisation und konkrete Transferstrategien sowie selbstgesteuertes Lernen an Bedeutung. Hierzu gehören auch die *Unterstützung durch Vorgesetzte*, die die Trainingsmaßnahme selbst kennen sollten, zeitliche und personelle Ressourcen, um den Transferprozess zu begleiten, sowie Einführung der Trainings auf breiterer Ebene (Gruppe, Abteilung), um gegenseitige Unterstützung der Teilnehmer bei der Umsetzung zu ermöglichen und Widerständen entgegenzuwirken.

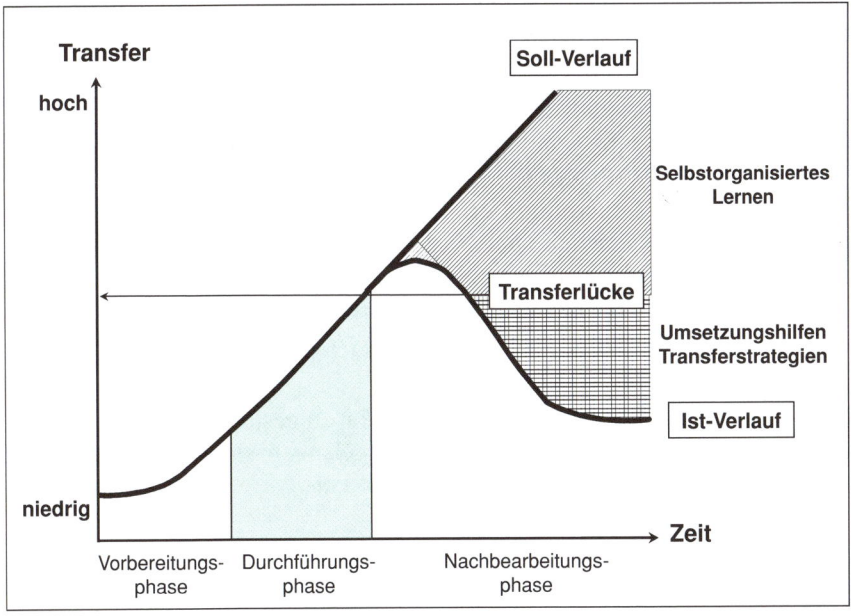

Abbildung 9:
Lernkurve mit Transferlücke (in Anlehnung an Wilkening, 1986; Felfe, 2012, S. 31)

2.3.3 Evaluation von Führungskräftetrainings

Wie kann die Wirksamkeit von Führungskräftetrainings mit Blick auf die unterschiedlichen Kriterien ermittelt werden? Verlässt man sich nicht nur auf subjektive Eindrücke und Berichte von einzelnen Teilnehmern, bedarf es einer systematischen Evaluation.

Bei der Überprüfung von Trainings können zwei Strategien unterschieden werden, je nachdem ob mit der Evalution vorrangig eher eine abschließende Gesamtbewertung angezielt wird oder ein Entwicklungsprozess unterstützt werden soll. Die *formative Evaluation* (= Prozessevaluation) umfasst die kontinuierliche Bewertung des Prozesses einer Maßnahme. Korrektur und Anpassung sind während der Durchführung möglich und erhöhen damit die Wahrscheinlichkeit der Zielerreichung. Die *summative Evaluation* (= Ergebnisevaluation) überprüft abschließend die erreichten Ergebnisse. Eine Korrektur und Anpassung während des Trainings ist hierbei nicht möglich, um die Ergebnisse nicht zu verfälschen. Die summative Evaluation ist jedoch i. d. R. weniger aufwendig und kostengünstiger als die formative Evaluation. Auf jeden Fall müssen im Vorfeld der Evaluation folgende Fragen geklärt werden (Thierau-Brunner, Stangel-Meseke & Wottawa, 1999):
– Welche Ziele werden angestrebt bzw. was macht den Erfolg aus?
– Welcher Zeitrahmen steht zur Erreichung der Ziele zur Verfügung?
– Woran soll überprüft werden, ob die Ziele erreicht wurden?

Für die bereits genannten Ebenen Reaktion, Lernen, Verhalten und Resultate müssen Kriterien formuliert werden. Dabei muss auch festgelegt werden, mit welchen Methoden (Fragebogen, Beobachtung, Kennziffern) die Überprüfung der Wirksamkeit auf den unterschiedlichen Ebenen erfolgen soll.

Eine Evaluation sollte möglichst alle vier Ebenen berücksichtigen, um einerseits die Reichweite des Lernerfolgs zu bestimmen und andererseits die Interpretation der Interventionseffekte abzusichern. Dabei ist zu beachten, dass gerade der langfristige Transfer durch weitere Einflussgrößen bestimmt werden kann, die nicht in Zusammenhang mit dem Training stehen. Während eines Trainings oder danach können situative und organisationale Veränderungen die Trainingseffekte überlagern (Umstrukturierungen, neue Technik, Marktsituation).

Um im Rahmen einer summativen Evaluation zu gesicherten Aussagen über die tatsächlichen Effekte eines Trainings zu gelangen, sind bestimmte methodische Standards bei der Erstellung des *Untersuchungsdesigns* einzuhalten.

Messung vor und nach dem Training (Pre- und Posttest)

Wissenschaftliche Methoden zur Überprüfung der Wirksamkeit

Um festzustellen, welche Veränderung das Training im Führungsverhalten bewirkt hat, muss das Führungsverhalten vor und nach dem Training erfasst und das Ausmaß der Veränderung (Differenz) festgestellt werden. Um Langzeiteffekte zu erfassen, müssen Follow-up-Messungen in größeren Abständen zum Training erfolgen.

Veränderungen, die unabhängig vom Training sind, lassen sich damit aber noch nicht ausschließen. So könnte eine Führungskraft ihr Führungsverhalten vielleicht im Laufe der Zeit ohnehin verbessern, weil sie Erfahrungen sammelt und Sicherheit gewinnt. Oder das Unternehmen startet zeitgleich eine Kampagne zur Umsatzsteigerung und bietet damit einen Anreiz, das eigene Verhalten zu optimieren. Um solche trainingsunabhängigen Effekte auszuschließen, bedarf es einer Kontrollgruppe.

Einbeziehung von Kontrollgruppen

Die Einführung einer Kontrollgruppe, die ebenfalls vor und nach dem Training untersucht wird, jedoch selbst kein Training erhält, liefert Hinweise auf trainingsunspezifische Einflüsse. Wenn nun die Veränderung zwischen Vorher- und Nachher-Messung in der Trainingsgruppe deutlich stärker ausgeprägt ist als in der Kontrollgruppe, kann auf die Wirkung des Trainings geschlossen werden.

Dabei muss jedoch sichergestellt sein, dass die Kontrollgruppe der Trainingsgruppe so ähnlich wie möglich ist, damit bspw. Einflüsse der Arbeitsumgebung für beide Gruppen vergleichbar sind und die Unterschiede nicht durch andere Faktoren herbeigeführt wurden (z. B.: Hierarchieebene, Funktion, Abteilung, Bildungshintergrund etc.).

Randomisierung

Bei der Randomisierung werden die Teilnehmer den Trainings- und Kontrollgruppen zufällig zugeteilt, um das Risiko von Stichprobeneffekten auszuschließen. Ziel ist es, eine größtmögliche Vergleichbarkeit zwischen den einzelnen Gruppen zu schaffen.

Die Forderungen nach Randomisierung und aufwendigen Kontrollgruppen-Designs können allerdings in der Praxis, insbesondere bei Führungskräftetrainings, häufig nur sehr schwer umgesetzt werden. Oft ist es aus organisatorischen Gründen nicht möglich, die Teilnehmer eines Führungskräftetrainings zufällig der Trainingsgruppe oder der Kontrollgruppe zuzuteilen. Auch handelt es sich meist um eine geringe Anzahl von Teilnehmern, sodass individuelle Merkmalsunterschiede wie Motivation, Bildung etc. eine große Bedeutung für den Trainingserfolg behalten. Erst bei größeren Stichproben kann angenommen werden, dass die Verteilung von Merkmalen in allen Gruppen vergleichbar ist. Aus diesem Grund empfiehlt es sich, diese Merkmale als „Störvariablen" mit zu erheben und bei der statistischen Analyse zu kontrollieren.

Wird aufgrund der schwierigen Praxisbedingungen auf eine Randomisierung verzichtet, spricht man daher auch von *quasi-experimentellen Designs*.

In der Praxis ist es ebenfalls problematisch, einem Teil der Zielgruppe, die als Kontrollgruppe fungiert, ein potenziell wichtiges Training vorzuenthalten. Die Lösung besteht darin, dass die Kontrollgruppe nicht auf das Training verzichtet, sondern etwas später teilnimmt (Warte-Kontrollgruppe). Beispielhaft ist in Tabelle 9 ein quasi-experimentelles Design dargestellt (Cook & Campbell, 1979; Solga, 2011):

Tabelle 9:
Kontroll-Wartegruppen-Design

Messszeitpunkte							
	t1	**t2**	**t3**	**t4**	**t5**	**t6**	**t7**
Gruppe 1	vorher	Training	nachher		Follow-up		
Gruppe 2	vorher		vorher nachher	Training	nachher		Follow-up
Gruppe 3			vorher		vorher nachher	Training	nachher

Trotz der Vorteile eines evaluierten Trainings sind Untersuchungen zur Wirksamkeit in der Praxis nicht selbstverständlich. Vor allem der zusätzliche Aufwand und die dadurch entstehenden Mehrkosten führen dazu, dass häufig auf eine Evaluation verzichtet wird. Doch auch aufseiten der Berater oder Trainer, insbesondere wenn es sich um externe Personaldienstleister handelt, gibt es Gründe, die gegen eine Wirksamkeitsuntersuchung sprechen. Lernen ist komplex und meist ist eine direkte Verknüpfung einzelner Maßnahmen mit Erfolgskriterien methodisch schwierig und die gewünschten Effekte lassen sich nicht eindeutig zeigen. Manche Trainingserfolge zeigen sich erst langfristig und auf unterschiedlichen Ebenen. Gerade externe Trainer/Coaches wollen vor allem eine Dienstleistung verkaufen und fürchten den Akzeptanzverlust bei ihren Auftraggebern. Die Teilnehmer selbst können befürchten, dass negative Evaluationsergebnisse direkt auf sie zurückfallen. Dadurch besteht auch die Gefahr, dass die Evaluation von den Teilnehmern verfälscht wird (Thierau-Brunner et al., 1999).

Bisweilen wird die Aussagekraft von Evaluationsstudien angezweifelt, wenn wissenschaftliche Standards aus unterschiedlichen Gründen nur bedingt eingehalten werden können. Hieraus sollte jedoch nicht die Konsequenz gezogen werden, im Praxisbereich gänzlich auf Evaluationsversuche zu verzichten und sich allein auf das subjektive Urteil zu verlassen. Vielmehr sollte z. B. durch Sensibilisierung und Einbeziehung der Auftraggeber und Betroffenen der Versuch unternommen werden, empirische Standards so weit wie möglich zu realisieren (Felfe, 1992).

3 Analyse und Maßnahmenempfehlung

Mit welchen Maßnahmen können Führungskräfte entwickelt bzw. trainiert werden und welche Konzepte sind hierbei handlungsleitend? In den folgenden Abschnitten wird gezeigt, wie unterschiedliche Maßnahmen konkret gestaltet werden können. Im Vordergrund stehen dabei klassische Trainingsseminare, die häufig aus mehreren Bausteinen bestehen. In den anschließenden Abschnitten werden Ansätze vorgestellt, die häufig die eigentlichen Trainings ergänzen. Hierzu zählen vor allem Coaching, Mentoring, aber auch Planspiele und Outdoor-Trainings.

Bei einigen dieser Maßnahmen handelt es sich zwar nicht immer um Trainings im engeren Sinne. Dafür sind sie aber oft Bestandteil eines übergreifenden Trainings- bzw. Führungskräfteentwicklungsprogramms und dürfen hier daher nicht fehlen. Zuvor wurde bereits darauf hingewiesen (Kapitel 2.1.2), dass die Diagnose eine wichtige Voraussetzung für erfolgreiche Trainings darstellt. Sie kann darüber hinaus bereits als erster Interventionsschritt im Sinne einer Sensibilisierung betrachtet werden. Entsprechende Analyseinstrumente werden daher zuerst dargestellt.

3.1 Analyse des Trainingsbedarfs

Zur Diagnose bzw. Einschätzung des Führungsverhaltens werden üblicherweise standardisierte Fragebögen eingesetzt. Das bereits vorgestellte Instrument der Aufwärtsbeurteilung nimmt hierbei eine zentrale Rolle ein (vgl. Abschnitt 2.1.2). Vor dem Hintergrund einer differenzierten Analyse des Führungsverhaltens können geeignete Interventionen ausgewählt werden. Viele Unternehmen greifen hierbei auf eigene Entwicklungen zurück, die auf die organisationalen Bedürfnisse zugeschnitten sind und zum Beispiel die Führungsleitlinien abbilden.

Zeigt die Diagnose der Führung Entwicklungsbedarf auf, können verschiedene Maßnahmen der Führungskräfteentwicklung durchgeführt werden, um den Bedarf zu decken. Hintergründe und Gestaltung der wichtigsten Maßnahmen werden in den folgenden Abschnitten beschrieben.

Der Kasten zeigt exemplarisch einige Dimensionen und die dazugehörigen Verhaltensmerkmale (Felfe, 2009). Häufig sind die Eigenentwicklungen aber auch an wissenschaftlich erprobten Instrumenten angelehnt. Einige dieser Instrumente sind in Tabelle 10 aufgelistet.

Steuerung und Koordination

Aufgaben delegieren, Verantwortung zuweisen
- delegiert in großem Umfang: „delegiert, was delegierbar ist"
- formuliert klare Aufgabenstellungen und Erwartungen

Entscheidungen treffen, durchsetzen
- trifft schnell und sicher alle notwendigen Entscheidungen
- nutzt seine Kompetenzen umfassend und entscheidet ohne zu zögern

Leistungsförderung

Ziele vereinbaren, Zielerreichung kontrollieren
- vereinbart Leistungs- und Verhaltensziele gemeinsam mit Mitarbeitern
- vereinbart motivierende, herausfordernde und erreichbare Ziele

Leistung fördern und anerkennen
- erkennt erbrachte Leistung regelmäßig und zeitnah an
- besondere Leistungen werden besonders gewürdigt

Mitarbeiterorientierung

Mitarbeiter motivieren, Vorbild sein
- vermittelt positive Einstellungen zur Arbeit und zum Unternehmen
- versteht es gut, Mitarbeiter zu begeistern und zu motivieren

Kritiken, Anregungen annehmen
- fordert Feedback ein; ermutigt MA zu offenem und ehrlichem Feedback
- ist offen für Kritik; „lässt sich etwas sagen"; nimmt Feedback immer ernst

Während es sich bei der Mehrheit der Instrumente um Ratingverfahren handelt, kann das individuelle Entscheidungsverhalten z. B. mit dem *Leadership Judgement Indicator* (LJI; Neubauer, Bergner & Felfe, 2012) in Form eines Tests diagnostiziert werden. Der LJI basiert auf der Annahme, dass der Erfolg von Managern vor allem auf der Qualität ihrer Entscheidungen beruht. Die Qualität der Entscheidungen hängt wiederum von der Partizipation der Mitarbeiter/-innen ab. Wie stark die Entscheidungen einer Führungskraft von den Mitarbeiter/-innen beeinflusst werden sollen, muss letztlich in jeder Situation neu beurteilt werden. Der LJI ermöglicht es, die Urteilsfähigkeit und die bevorzugten Entscheidungsstile einer Führungskraft in unterschiedlichen Entscheidungssituationen zu erfassen. Das Ver-

Tabelle 10:

Standardinstrumente zur Diagnose des Führungsverhaltens

Instrumente	Beispieldimensionen
LBDQ: Leadership Behavior Description Questionnaire (z. B. Hemphill & Coons, 1957) **FVVB:** Fragebogen zur Vorgesetzten-Verhaltens-Beschreibung als deutsche Version des **LBDQ** (Fittkau-Garthe & Fittkau, 1971)	Mitarbeiterorientierung und Aufgabenorientierung
MLQ: Multifactor Leadership Questionnaire (Bass & Avolio, 1995; Felfe 2006a) **TLI:** Transformational Leadership Behavior Inventory (Podsakoff, MacKenzie, Moorman & Fetter, 1990)	Transformationale Führung: – Einfluss durch Vorbildlichkeit und Glaubwürdigkeit – Motivation durch begeisternde Visionen – Individuelle Unterstützung und Förderung – Anregung zu kreativem Denken
LMX: Leader-Member-Exchange (Schyns, 2002)	Beziehungsqualität: Vertrauen, Unterstützung zwischen Führungskraft und Mitarbeiter
ALQ: Authentic Leadership Questionnaire (Walumbwa et al., 2008) **ALI:** Authentic Leadership Inventory (Neider & Schriesheim, 2011)	Authentic Leadership: – Selbstkenntnis – Glaubwürdigkeit – Offenheit – Internalisierte Moral
LJI: Leadership Judgement Indicator (Neubauer, Bergner & Felfe, 2012)	Entscheidungsverhalten: Entscheidungspräferenzen und Angemessenheit in Bezug auf die Stile, – direktiv – konsultativ – konsensual – delegativ
FB: Führungsbarometer (Felfe & Resetka; zit. in Felfe, 2009)	– Steuerung und Koordination – Teamförderung – Leistungsförderung – Mitarbeiterorientierung
BIF: Bochumer Inventar zur Führungswirksamkeit (Hossiep & Schardien, in Vorbereitung)	– Aufgabenmanagement – Ressourcenbereitstellung – Fairness – Verlässlichkeit – Vertrauen

fahren misst zum einen, wie gut eine Führungskraft erkennen kann, welche die beste Umgangsweise mit Mitarbeiter/-innen darstellt. Zum anderen wird erhoben, welche die bevorzugten Entscheidungsstrategien einer Führungskraft sind.

Mit dem LJI werden vier übergeordnete Entscheidungs- bzw. Führungsstile unterschieden:
- Der direktive Stil spiegelt sich in der Aussage „Die Führungskraft trifft ihre Entscheidungen am besten allein" wider.
- Der beratende (konsultative) Stil kann mit folgender Aussage verdeutlicht werden „Die Führungskraft entscheidet allein, nachdem sie sich Ideen und Überlegungen ihrer Mitarbeiter/-innen angehört hat".
- Der einvernehmliche (konsensuale) Stil wird durch die Aussage „Die Führungskraft entscheidet mit ihren Mitarbeiter/-innen gemeinsam" beschrieben.
- Der delegative Stil lässt sich am deutlichsten anhand der Aussage „Die Führungskraft überträgt die Entscheidung an ihre Mitarbeiter/-innen" aufzeigen.

Bergner und Felfe (2011) berichten beispielsweise, dass 70 % der Führungskräfte Entscheidungen zusammen mit ihren Mitarbeitern treffen und 17 % sie sogar an ihre Mitarbeiter delegieren, obwohl sie selbst über eine hohe Kompetenz und ausreichend Informationen verfügen, um die Entscheidung selbst treffen zu können. In Situationen hingegen, in denen es aufgrund guter personeller Ressourcen, hoher Mitarbeiterkompetenz und ausreichend Zeit möglich gewesen wäre, eine gemeinsame Entscheidung mit den Untergebenen zu erreichen, trafen immerhin 35 % der Führungskräfte den Entschluss allein. Dies führt nicht nur zu demotivierten Mitarbeitern, sondern eventuell auch zu einer Unterforderung.

Der LJI bietet eine einfache Methode, um die bevorzugten Entscheidungsstile bzw. die Urteilsfähigkeit einer Führungskraft zu erfassen. Ganz im Sinne eines Führungssimulators werden den Anwender/-innen 16 komplexe Situationsbeschreibungen (sog. Szenarien) aus dem Führungskontext dargeboten. Für jedes Szenario sind vier alternative Handlungsansätze angeführt, die hinsichtlich ihrer Angemessenheit im Führungskontext beurteilt werden sollen. Die Entscheidungskompetenzen von Führungskräften können dann in entsprechenden Entscheidungstrainings entwickelt werden.

3.2 Trainings und Seminare

3.2.1 Konzept und Strategie

Führungskräftetrainings zielen in erster Linie darauf ab, konkretes Verhalten zu trainieren. Entsprechend sind typische Themen das Führen von Mitarbeitergesprächen, das Leiten und Moderieren von Gruppensitzungen oder die Beurteilung von Mitarbeitern.

Insbesondere das breite Spektrum von Gesprächsanlässen (Zielvereinbarungsgespräch, Kritikgespräch, Beurteilungsgespräch) macht deutlich, dass vor allem soziale Kompetenzen und Kommunikationsfähigkeit im Mittelpunkt stehen. Die Vermittlung von Kommunikationsmodellen (z. B. das Vier-Seiten-Modell von Schulz v. Thun, 1981, oder das Konzept der Transaktionsanalyse von Berne, 1967) und Gesprächstechniken (Feedback, aktives Zuhören, Fragetechnik, Argumentationstechnik) nehmen daher breiten Raum ein.

Um konkretes Verhalten zu trainieren, stehen unterschiedliche Übungen zur Verfügung, mit denen den Teilnehmern der eigene Interaktionsstil bewusst gemacht wird. Das Feedback durch die anderen Teilnehmer und die Trainer soll den Teilnehmern helfen, eigene Stärken und Schwächen besser zu erkennen. In Rollenspielen werden dann konkrete Gesprächssituationen (Kritik, Konflikt) geübt und mittels Videofeedback ausgewertet. Durch Selbsterfahrung setzen sich die Teilnehmer mit ihrer eigenen Persönlichkeit auseinander und lernen ihre eigenen Werte und Motive sowie Stärken und Schwächen kennen (vgl. Kapitel 2.2).

In der Regel schließen Transfervereinbarungen, in denen die Teilnehmer konkrete Überlegungen anstellen, wie sie die neu erworbenen Kompetenzen in die Praxis umsetzen können, ein solches Training ab.

3.2.2 Modulares Trainingskonzept

Im Folgenden wird exemplarisch ein Konzept für ein Training vorgestellt, das aus mehreren dreitägigen Bausteinen bzw. *Modulen* besteht.[2] Zu den einzelnen Modulen sind jeweils die wichtigsten Lernziele, Inhalte und Themen sowie die eingesetzten Methoden aufgeführt. In den *Praxisphasen* zwischen den Modulen können die Lerninhalte erprobt und umgesetzt werden. Hier empfiehlt es sich, konkrete Transfervereinbarungen zu treffen und dabei auch die jeweiligen Führungskräfte einzubinden oder zwischenzeitliche Peergruppentreffen zu organisieren.

Das gesamte Programm ist für Nachwuchsführungskräfte konzipiert, richtet sich aber auch an Führungskräfte, die als Quereinsteiger neu in ein Unternehmen kommen. Ergänzt wird ein solches Trainingsprogramm in der Regel durch Coaching- und Mentoringangebote. Einzelne Aspekte können auch in Planspielen, durch Projekte (Action Learning) und in Outdoor-Trainings vertieft bzw. ergänzt werden. In der Praxis hat es sich auch bewährt, erfahrene Führungskräfte aus dem Unternehmen als Experten für bestimmte Themen einzuladen und nach einem Kurzvortrag z. B. im Rahmen eines *Kamingesprächs* die Gelegenheit zum intensiveren Austausch zu geben.

---

2 Das Trainingskonzept und die Module wurden gemeinsam mit H.-J. Resetka (HR Competence) entwickelt und erfolgreich umgesetzt.

Modul 1: Rolle und Selbstverständnis als Führungskraft

Im ersten Modul stehen die Grundlagen der Führung im Mittelpunkt. Dabei geht es um:
- Aufgaben und Funktionen von Führung,
- Führungstheorien und wissenschaftliche Erkenntnisse,
- Eigene Ansprüche und Erwartungen an die Rolle,
- Führungsleitbild der Organisation,
- Selbstkenntnis der eigenen Persönlichkeit,
- Grundlagen der Kommunikation und Gesprächsführung.

Tabelle 11:
Modul 1 „Rolle und Selbstverständnis"

Zeit	Ziel Was ist das Ziel?	Inhalt Welche Inhalte leiten sich aus dem Ziel ab?	Methode Welche Übungs- oder Lernmethode kommt zum Einsatz?
1. Tag	– Gegenseitiges Kennenlernen, Gruppenbildung – Erwartungsklärung – Ziele und Regeln für das gemeinsame Lernen vereinbaren	– Positive und negative Erfahrungen mit Führung – Ansprüche an die eigene Führungsrolle – Eigene Lernziele und Seminarregeln	– Persönliche Standortbestimmung – Reflexion der eigenen Rolle – Feedback
	– Zentrale Führungstheorien und wissenschaftliche Ergebnisse kennen und Konsequenzen für das eigene Verhalten ableiten	– Aufgaben und Funktionen der Führung (siehe Felfe, 2009, S. 6 ff.) – Führungsstile und -modelle – Motivationstheorien – Zielsetzungstheorie – Chancen und Risiken der unterschiedlichen Ansätze	– Vortrag – Diskussion – Gruppenarbeit
2. Tag	– Anforderungen an die Führungskräfte in der jeweiligen Organisation kennen und auf die eigene Rolle anwenden – Gestaltungsspielräume, Restriktionen und Konflikte erkennen	– Führungsleitlinien – Übersicht über die Führungsinstrumente – Zuständigkeiten, Kompetenzen und Recht als Führungskraft – Rollenkonflikte als Führungskraft	– Vortrag – Gruppenarbeit – Präsentation – Erfahrungsaustausch
	– Grundlagen der Kommunikation und Gesprächsführung kennen und anwenden	– Kommunikationsmodelle (Vier-Seiten-Modell etc.) – Feedback – Aktives Zuhören – Fragetechniken	– Vortrag – Übungen – Feedback

Tabelle 11 (Fortsetzung):
Modul 1 „Rolle und Selbstverständnis"

Zeit	Ziel Was ist das Ziel?	Inhalt Welche Inhalte leiten sich aus dem Ziel ab?	Methode Welche Übungs- oder Lernmethode kommt zum Einsatz?
3. Tag	– Standardgesprächs-situationen und schwierige Gesprächs-situationen erfolgreich bewältigen – Bedeutung der eigenen Persönlichkeit für das Führungs-verhalten erkennen und eigene Entwick-lungsziele ableiten – Maßnahmen zur Umsetzung der Trainingsinhalte in der Praxis vereinbaren – Abschluss	– Informationsgespräch – Kritikgespräch – Motivationsgespräch – Persönlichkeits-theorien – Diagnose persönlicher Eigenschaften, Ein-stellungen Werte und Motive – Eigene Wirkung auf andere – Chancen nutzen und Risiken mindern – Bildung von Peer-groups zur Transfer-unterstützung	– Modelle – Fallstudien – Rollenspiele – Videofeedback – Vortrag – Persönlichkeitstest – Feedbackübungen – Selbstreflexion – Transfervereinbarun-gen mit eigener Führungskraft

Modul 2: Ein Team führen

Im zweiten Modul steht die Leitung eines Teams im Vordergrund. Dabei geht es um:
– Psychologie der Gruppe und Gruppendynamik,
– Chancen und Risiken der Teamarbeit,
– Teamsitzungen: Diskussionsleitung und Moderation von Teams,
– Konflikte im Team,
– Teamklima und Zusammenarbeit fördern.

Modul 2 „Ein Team führen"

Zeit	Ziel	Inhalt	Methode
1. Tag	– Erwartungsklärung – Bewusstmachen von Gruppenprozessen	– Eigene Lernziele – Transfererfahrung – Übernahme und Ent-stehung von Führung – Koordination und Motivation als zentrale Funktionen	– Kartenabfrage – Erfahrungsaustausch – Gruppendynamische Übungen – Reflexion der eigenen Rolle – Feedback

Tabelle 12 (Fortsetzung):
Modul 2 „Ein Team führen"

Zeit	Ziel	Inhalt	Methode
1. Tag	– Zentrale Theorien und wissenschaftliche Erkenntnisse der Sozialpsychologie kennen	– Chancen: Leistungsvorteile, Spezialisierung, Fehlerausgleich etc.	– Erfahrungsaustausch – Übung: Kooperation – Übung: Entscheidung
	– Konsequenzen für das eigene Verhalten für die Leitung von Gruppen ableiten und auf die eigene Rolle anwenden	– Risiken: Konformität, Soziales Faulenzen, Soziale Ängste, Widerstand etc. – Konzepte der Steuerung von Gruppen: z. B. Moderation, Projektmanagement, Themenzentrierte Interaktion – Faktoren der Teameffektivität: Zusammenhalt, Klima, Aufgaben- und Rollenklarheit, Unterstützung, Planung	– Feedback mit Reflexion der eigenen Rolle – Vortrag und Gruppenarbeit
2. Tag	– Eine Sitzung bzw. eine Teambesprechung effizient leiten – Die Teilnehmer effektiv einbeziehen	– Rolle des Diskussionsleiters und des Moderators – Leitfaden und Regeln für die Vorbereitung und Durchführung einer Besprechung – Techniken: Tagesordnung, Visualisierung, Protokoll – Motivieren und Begeistern – Umgang mit Störungen	– Vortrag – Gruppenarbeit – Präsentation – Übung: Sitzungsleitung – Feedback
	– Einen Problemlöseprozess effektiv moderieren – Klärung von Problemen und Konflikten im eigenen Team	– Moderationsfahrplan – Techniken: SWOT-Analyse, Brainwriting – kollegiale Beratung	– Übung: Moderation – Feedback – Gruppencoaching, Intervision
3. Tag	– Eine Konfliktsituation im Team erfolgreich klären und bewältigen – Eine Konfliktsituation zwischen Teams bewältigen	– Konfliktmodelle und -dynamiken – Verhandlungsmodelle	– Fallstudien – Rollenspiel: Konflikt – Planspiel: Verhandlung – Videofeedback

Tabelle 12 (Fortsetzung):
Modul 2 „Ein Team führen"

Zeit	Ziel	Inhalt	Methode
3. Tag	– Maßnahmen zur Umsetzung der Trainingsinhalte in der Praxis vereinbaren – Abschluss	– Transfervereinbarungen	– Erfahrungsaustausch und gegenseitige Beratung – Selbstreflexion

Modul 3: Führungsinstrumente effektiv nutzen

Im dritten Modul steht die Anwendung von Führungsinstrumenten im Vordergrund. Dabei geht es um:
– Grundlagen der Motivation,
– Zielvereinbarungs- und Feedbackgespräche,
– Beurteilung und Beurteilungsgespräch,
– 360-Grad-Feedback,
– Arbeitsrechtliche Grundlagen.

Tabelle 13:
Modul 3 „Führungsinstrumente"

Zeit	Ziel	Inhalt	Methode
1. Tag	– Erwartungsklärung – Zentrale Personalentwicklungs- und Führungsinstrumente sowie wissenschaftliche Ergebnisse kennen, Konsequenzen für das eigene Verhalten ableiten	– Eigene Lernziele – Transfererfahrung – Systematik der Instrumente: Anforderungsprofile, Auswahlverfahren, Beurteilungssystem, Zielsysteme, Vergütungssysteme, Coaching, etc. – Positive und negative Erfahrungen mit einzelnen Instrumenten	– Kartenabfrage – Vortrag – Gruppenarbeit – Diskussion und Erfahrungsaustausch
	– Das Beurteilungssystem des Unternehmens kennen und anwenden können – Chancen und Risiken der Beurteilung kennen und Möglichkeiten des effektiven Umgangs finden	– Anforderungs- und Beurteilungsdimensionen – Beurteilungsmaßstäbe – Umgang mit Beurteilungsfehlern – Leitlinien zur effektiven Nutzung – Verfahrensregeln und rechtliche Bestimmungen	– Vortrag – Diskussion – Gruppenarbeit – Übung: Urteilstendenzen – Übung: Kalibrierung

Tabelle 13 (Fortsetzung):
Modul 3 „Führungsinstrumente"

Zeit	Ziel	Inhalt	Methode
2. Tag	– Eine Standardbeurteilung vorbereiten und durchführen können	– Leitfaden für das Beurteilungsgespräch (siehe Felfe, 2009, S. 80 ff.) – Umgang mit kritischen Situationen	– Rollenspiel: Ankündigung und Durchführung eines Beurteilungsgesprächs
	– Das Zielvereinbarungssystem des Unternehmens kennen – Chancen und Risiken der Zielvereinbarung kennen und Möglichkeiten des effektiven Umgangs finden – Zielvereinbarungsgespräch vorbereiten und durchführen können	– Theoretische Grundlagen: Ziele und Motivation, systematisches Feedback, Leistungs- und Verhaltensziele – Zielvereinbarungssystem – Gesprächsleitfaden	– Vortrag – Rollenspiel: Ankündigung und Durchführung eines Zielvereinbarungsgesprächs – Feedback
3. Tag	– Das Führungsbarometer (Aufwärtsbeurteilung) des Unternehmens kennen – Chancen und Risiken des Führungsbarometers kennen und Möglichkeiten des effektiven Umgangs finden	– Theoretische Grundlagen: 360-Grad-Feedback, Führungsstil, Partizipation – Führungsbarometer (Beurteilungsdimensionen, Verfahrensregeln und rechtliche Bestimmungen) – Mitarbeiter informieren und motivieren	– Modelle – Fallstudien – Rollenspiel – Videofeedback
	– Auswertungsgespräch im Team vorbereiten und durchführen können – Individuelle Maßnahmen zur Umsetzung der Trainingsinhalte in der Praxis vereinbaren – Abschluss	– Leitfaden für das Auswertungsgespräch (siehe Felfe, 2009, S. 91 ff.) – Umgang mit kritischen Situationen	– Vortrag – Rollenspiel – Reflexion

Modul 4: Personalentwicklung

Im vierten Modul geht es um die Rolle der Führungskraft als Personalentwickler vor Ort. Dabei geht es um:
– Grundlagen von Training und Coaching,
– Potenziale und Entwicklungsfelder erkennen und Lernziele vereinbaren,
– Coaching am Arbeitsplatz.

Tabelle 14:

Modul 4 „Personalentwicklung"

Zeit	Ziel	Inhalt	Methode
1. Tag	– Erwartungsklärung – Zentrale Merkmale von Training und Coaching kennen und Konsequenzen für das eigene Führungs-verhalten ableiten	– Eigene Lernziele – Transfererfahrung – Systematischer Vergleich von Training, Coaching und Führung in Bezug auf: Ziele, Methoden, Rollen und Organisation – Positive und negative Erfahrungen mit Trai-ning und Coaching	– Kartenabfrage – Vortrag – Gruppenarbeit – Diskussion und Erfahrungsaustausch
	– Qualifikations- und Kompetenzdefizite im eigenen Bereich ana-lysieren und Bedarf für Trainings und Coaching ermitteln – Ausbildungsziele und -Pläne entwickeln können	– Systematik der Kompetenzen (Sozial-, Methoden-, personale und Fachkompetenz) – Vereinbarung von Entwicklungszielen – Systematik der Lehr- und Lernmethoden – Ausbildungsplan: Lernziele, Methoden und Lernzielkontrolle	– Vortrag, Gruppen-arbeit – Übung: Mitarbeiter-portfolio Analyse – Diskussion
2. Tag	– Ein Coaching vorbereiten können (kurze Kunden-situation, z.B. Kunden-ansprache am Telefon)	– Mitarbeiter für Coaching motivieren – Ziele definieren – Coachingablauf (Be-obachtung, Auswer-tung) (siehe Felfe, 2009, S. 86 ff.)	– Vortrag – Gruppenarbeit – Präsentation – Rollenspiel: Vorberei-tungsgespräch
	– Coachingtechniken anwenden können	– Coachingtechniken (Fragen, Feedback) – Rollenkonflikte als Coach und Führungs-kraft	– Rollenspiel: Coaching – Videofeedback
3. Tag	– Ein Coaching vorbereiten und durch-führen können (kurze Kundensituation, z.B. Beratung, Verkauf, Be-schwerde)	– Informationsgespräch – Kritikgespräch – Motivationsgespräch	– Rollenspiel: Coaching
	– Integration der Inhalte der vier Bausteine zu einem Gesamtbild – Maßnahmen zur Um-setzung der Trainings-inhalte in der Praxis vereinbaren – Abschluss	– Gesamtreflexion – Transferverein-barungen	– Gegenseitiges Abschlussfeedback

65

Modul 5: Nachhaltigkeit und Veränderungen managen

Im fünften Modul stehen Innovation, Gesundheit und eine effektive Arbeitsorganisation im Vordergrund. Dabei geht es um:
- Innovation und Veränderungsmanagement,
- Gesundheitsförderung und Stressabbau,
- Arbeitsorganisation und Prozessoptimierung,
- Strategie.

Tabelle 15:

Modul 5 „Nachhaltigkeit und Veränderungen managen"

Zeit	Ziel	Inhalt	Methode
1. Tag	– Erwartungsklärung – Bewusstmachen der Bedeutung eigener Verantwortung für Nachhaltigkeitsthemen	– Eigene Lernziele – Organisationsentwicklung – Gesundheitsförderung – Innovation – Diversity – Arbeitgeberattraktivität	– Kartenabfrage – Impulsvortrag – Erfahrungsaustausch – Reflexion der eigenen Rolle
	– Zentrale Theorien und wissenschaftliche Erkenntnisse zu Kreativität und Innovation – Konsequenzen für das eigene Verhalten im eigenen Arbeitsbereich und der Gesamtorganisation	– Historische Beispiele für Innovationen – Förderliche und hinderliche Bedingungen – Kreativitätstechniken – Innovationsprozesse – Innovationskompetenz – Innovationsförderliche Führung	– Vortrag und Gruppenarbeit – Fallstudie – Übung: Kreativitätstechnik
2. Tag	– Zentrale Theorien und wissenschaftliche Erkenntnisse zur Gesundheit am Arbeitsplatz – Ansätze zur Belastungsreduktion im eigenen Verantwortungsbereich erkennen	– Akteure und Konzepte der betrieblichen Gesundheitsförderung – Belastungen und Ressourcen – Arbeitsbedingte psychische und physische Erkrankungen – Verhaltens- und Verhältnisprävention – Haus der Arbeitsfähigkeit – Demografischer Wandel	– Vortrag – Gruppenarbeit – Präsentation – Übung: Gefährdungsanalyse
	– Ansätze zur Verbesserung des eigenen Gesundheitsverhaltens	– Ernährung, Bewegung, Entspannung – Resilienz – Gesundheitsförderliche Führung	– Gesundheitscheck – Übung: Entspannungstechnik – Reflexion: Vorbildrolle

Zeit	Ziel	Inhalt	Methode
3. Tag	– Ansätze zur Verbesserung der Organisation und Arbeitsabläufe im eigenen Verantwortungsbereich erkennen	– Zeitmanagement – Delegation – Prioritätensetzung – Organisationsprinzipien	– Vortrag – Gruppenarbeit – Fallstudien
	– Zentrale Theorien und wissenschaftliche Erkenntnisse der Organisationsentwicklung kennen – Konsequenzen für den eigenen Arbeitsbereich und die Gesamtorganisation – Abschluss	– Lernende Organisation – Change Management – Planungs- und Steuerungsinstrumente	– Fallstudie – Erfahrungsaustausch – Abschlussreflexion

3.2.3 Wirksamkeit und Effektivität

An dieser Stelle sollen metaanalytische Untersuchungen berichtet werden, die die Evaluationsergebnisse von verschiedenen Führungskräftetrainings zusammengefasst haben. Dargestellt wird üblicherweise die *Effektstärke* (*„d"*), die angibt, wie groß der Unterschied zwischen einer Trainings- und einer Kontrollgruppe oder zwischen Vorher- und Nachher-Messung ist. Nach Cohen (1988) wird die Bedeutung eines Effekts folgendermaßen bewertet:
– $d \geq 0{,}20$: kleiner Effekt
– $d \geq 0{,}50$: mittlerer Effekt
– $d \geq 0{,}80$: großer Effekt

Burke und Day (1986) haben die erste Metaanalyse zur Effektivität von Führungstrainings vorgelegt. Bei den Trainingsinhalten stellten sich Trainings als wirksam heraus, die den Umgang mit Mitarbeitern (z. B. Kommunikation, Einstellungen den Mitarbeitern gegenüber) sowie die Motivation und Werte von Führungskräften thematisieren. Bei der Überprüfung der verschiedenen Methoden, die zur Vermittlung von Trainingsinhalten eingesetzt werden können, steigert vor allem der Einsatz von Verhaltens-Modellierung, Sensitivitätstrainings, Vortrag mit Diskussion, Rollenspiel oder die Kombination mehrerer dieser Methoden die Wahrscheinlichkeit eines Trainingserfolgs.

Collins und Holton (2004) haben den Trainingserfolg in ihrer Metaanalyse nach den vier Bereichen von Kirkpatrick (Kirkpatrick & Kirkpatrick, 2005)

Wirksamkeit von Trainings durch Metaanalysen belegt

67

unterteilt (vgl. Abschnitt 2.3.1). Sie konnten zeigen, dass Führungskräftetrainings deutliche Effekte auf das Wissen der Führungskräfte hatten ($0,96 < d < 1,37$), mittlere bis große Effekte beim Verhalten der Führungskräfte zeigten ($0,35 < d < 1,01$) sowie immerhin kleine Effekte auf der Resultatebene verzeichnen ($d = 0,39$).

In der Metaanalyse von Bogner (2007) wurden 49 Studien zu Führungskräftetrainings untersucht. Die Effektstärken wurden sowohl für die Zeit unmittelbar nach dem Training (t1) als auch für einen späteren Zeitpunkt ermittelt (t2; siehe Abbildung 10). Ähnlich wie bei Collins und Holton (2004) ist die Effektstärke auf der Wissensebene ($d = 1,08$) am größten, während auf Verhaltensebene und Resultatebene mittlere Effekte ($d = 0,65$; $d = 0,47$) berichtet werden. Hervorzuheben ist, dass die Effektstärken zum zweiten Messzeitpunkt jeweils deutlich abnehmen. Die zeitliche Distanz zum Training verringert anscheinend die Wirkung auf den Lernerfolg, die Verhaltensänderungen und die unternehmerischen Kennzahlen. Es ist anzunehmen, dass hier die bereits genannten Transferhemmnisse und -hindernisse zum Tragen kommen. Außerdem kommt es häufig zu einer Überschätzung der Effekte durch die Mitarbeiter direkt im Anschluss an ein Training (Bogner, 2007).

Eine weitere Metaanalyse von Powell und Yalcin (2010) hat 85 Trainings aus 50 Jahren Evaluationsforschung (1952 bis 2002) betrachtet. Auch hier zeichnet sich ein ähnliches Bild in Bezug auf die Ergebniskategorien: Die Effekte beim Lernen sind am größten (Wissensebene), gefolgt von der Verhaltensebene. Die Effekte auf der Resultatebene sind am kleinsten. Insgesamt berichten die Autoren eine über die Jahre gleichbleibend moderate

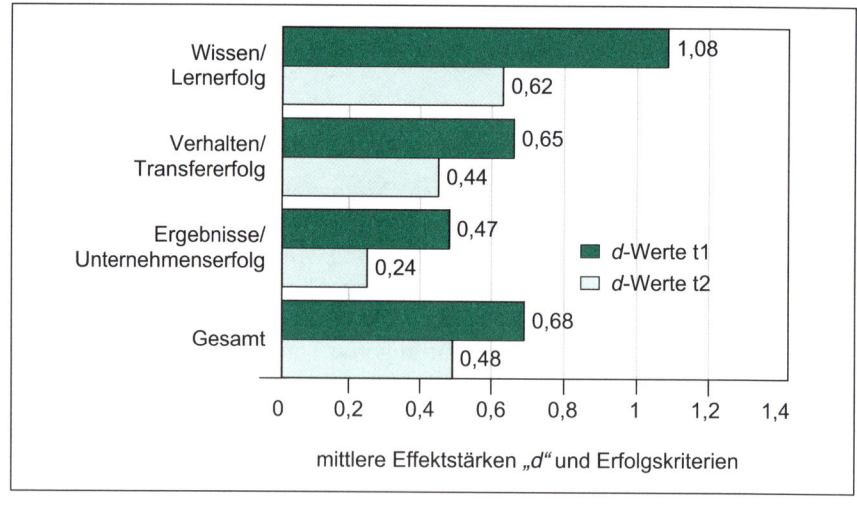

Abbildung 10:
Metaanalyse mit 49 Studien zu Führungskräftetrainings (Bogner, 2007)

Effektivität von Führungskräftetrainings. Avolio, Reichard, Hannah, Walumbwa und Chan (2009) berichten eine Effektstärke von $d = 0,65$ auf Basis von 35 Einzelstudien mit ca. 34.000 Teilnehmern. Zusätzlich wurden hier systematische Unterschiede zwischen Bereichen und Hierarchieebenen analysiert. Für den Profitbereich waren die Effekte mit $d = 0,34$ schwächer als im Non-Profitbereich ($d = 0,72$) und auf den unteren Hierarchieebenen stärker ($d = 0,71$) als auf den höheren Ebenen ($d = 0,51$).

Zusammenfassend werden für evaluierte Trainings mittlere Effekte nachgewiesen. Jedoch verringert sich die Wirksamkeit eines Trainings von der Wissens- zur Resultatebene sowie mit zeitlichem Abstand zur Trainingsdurchführung. Um die Untersuchungen zur Wirksamkeit von Führungskräftetrainings in Zukunft weiter zu optimieren, müssen Informationen über die entsprechenden Trainings ausführlich dokumentiert werden.

3.3 Outdoor-Führungstrainings

3.3.1 Konzept und Strategie

Outdoor Management Development (OMD) ist eine besondere Trainingsform zur Förderung der persönlichen und sozialen Kompetenzen. Outdoor-Übungen, die den Prinzipien erfahrungsorientierten Lernens der Reform- und Erlebnispädagogik folgen, werden häufig als Teil umfassender Führungskräfteentwicklungs-Programme eingesetzt (Jones & Oswick, 2007). Wie der Name schon sagt, finden diese Veranstaltungen nicht „indoor" im Seminarraum statt, sondern „unter freiem Himmel". Die Teilnehmer bestreiten verschiedene Orientierungs-, Geschicklichkeits- und Konditionsaufgaben in freier Wildnis (z. B. Gebirge, Wald, Segelschiff) oder in speziellen Seminarhotels mit Hochseilgarten oder anderen Outdoor-Angeboten.

Zu konkreten Lernzielen zählen vor allem die Steigerung von *Initiative, Engagement und Verantwortungsbereitschaft* sowie die Entwicklung von Mut und *Selbstvertrauen*, persönliche Herausforderungen in schwierigen Situationen anzunehmen (Nasser, 1993). Lernziele im Bereich der sozialen Kompetenzen sind insbesondere die Verbesserung der Kommunikation und Kooperation, der Führung im Team, der Konfliktfähigkeit sowie die Entwicklung der Beziehungen (Wertschätzung, Vertrauen, Unterstützung, Respekt etc.). Dabei sind folgende methodische und didaktische Prinzipien von Bedeutung:
– Ausgehend von der Annahme, dass sich Verhalten und Selbstkonzept gegenseitig bedingen, sollen unbekannte und herausfordernde Situationen außerhalb der gewohnten Berufs- und Lebenswelt gemeinsam in der Gruppe bewältigt und reflektiert werden. Hierdurch werden individuelle Grenzen erlebbar und überwindbar.

– Die zu bewältigenden Aufgaben und Probleme sind nur in der Gruppe zu lösen und erfordern sowohl körperliche als auch emotionale und geistige Fähigkeiten der Teilnehmer. Die Bedeutung von Vertrauen, Toleranz und Kooperation wird unmittelbar erlebbar.
– Die Konfrontation mit offenen und ungewissen Situationen, die durch die Naturgegebenheiten bedingt sind, erfordert den Umgang mit Unsicherheit und auch Frustration. Die Bewährung in derartigen Situationen stärkt das Selbstvertrauen und die Bereitschaft, neuen ungewohnten Anforderungen offen zu begegnen.
– Die intensive Reflexion des Verhaltens, verbunden mit Feedback, dient der Veränderung und Differenzierung des eigenen Selbstkonzepts und ermöglicht eine Neuorientierung bisheriger Einstellungen, Normen und Werte. Damit sollen die neuen Erfahrungen generalisierbar und auf zukünftige Situationen im späteren Privat- und Berufsleben transferiert werden.

Der besondere Vorteil und gleichzeitig die große Attraktivität von Outdoor-Trainings liegen darin, dass ungewohnte Aufgaben bewältigt werden müssen und sich die Teilnehmer auch räumlich von den alltäglichen Problemen entfernen. Dadurch werden die Teilnehmer aufgefordert und angeregt, ihre vertraute „Komfortzone" zu verlassen, kreative Lösungen zu finden, den eigenen Horizont zu erweitern und „alte" Probleme aus einem anderen Blickwinkel zu betrachten („Aha-Erlebnisse").

Durch die gemeinsame Interaktion lernen die Teilnehmer sowohl ihre eigenen als auch die Stärken und Schwächen der anderen kennen. Im Anschluss an aktive Phasen folgt die Reflexion der Prozesse, um Rückmeldung über das eigene Verhalten zu bekommen und um sich besser in andere hineinversetzen zu lernen. Die Aufgaben sind flexibel und variabel kombinierbar und lassen sich an den unternehmensinternen Alltag anpassen, wodurch in der Folge der Trainingstransfer erleichtert wird.

Grundsätzlich ist die Teilnahme an einzelnen Übungen freiwillig *(challenge by choice)*. Allerdings ist eine gewisse Offenheit und Lernbereitschaft erforderlich. Die Teilnehmer verpflichten sich dazu vorab in einem gegenseitigen „Wertevertrag" *(full value contract)* zu Kooperation, gegenseitigem Feedback und Wertschätzung und erklären ihre Bereitschaft, neuen Verhaltensweisen bzw. Verhaltensänderungen offen gegenüberzustehen.

Zusammenfassend ist es nach McEvoy und Buller (1997) für eine erfolgreiche Anwendung von OMD wichtig, dass
– konkrete Lern- und Entwicklungsziele formuliert werden,
– die Übungen entsprechend dieser Lernziele gestaltet und angepasst sind,
– die Übungen aufeinander aufgebaut sind und sich jeweils eine intensive Reflexion des Erlebten anschließt,
– zu jeder Zeit auf die Sicherheit der Teilnehmer geachtet wird
– und der Lerntransfer systematisch unterstützt wird.

3.3.2 Ablauf

Zielgruppe sind entweder reale Arbeitsgruppen oder Teams, die sich gemeinsam mit ihrer Führungskraft entwickeln oder Führungskräfte, die ihre individuellen Führungs- und Teamkompetenzen in der Gruppe entwickeln wollen. In der Regel folgen Outdoor-Trainings einer vergleichbaren Dramaturgie (Tabelle 16).

In der *Vorbereitung* sollten Erwartungen, Ziele und Regeln (z. B. allgemeine Sicherheitsinstruktionen, full value contract) geklärt werden. Vor allem wenn sich die Teilnehmer noch nicht kennen, ist ein *Kennenlernen* wichtig. Dazu und zur generellen *Einstimmung* eignen sich kurze Übungen bzw. Spiele, die dazu dienen, die Teilnehmer zu aktivieren, zu motivieren und als Gruppe zusammenzuführen, indem erste Begegnungen und Kontakte ermöglicht werden *(Warming-up)*. Die Spiele haben für die Gruppe eine integrierende und kohäsionsfördernde Wirkung, da auf Wettbewerb und Konkurrenz verzichtet wird. Bereits hier wird aber auch deutlich, dass zur Erreichung der Ziele Führungsfunktionen übernommen werden müssen. Nachdem sich die Teilnehmer besser kennen, geht es im nächsten Schritt um *Vertrauensbildung*. Ziel der Übungen ist es, die Teilnehmer Vertrauen in sich und die Gruppe gewinnen zu lassen und für den rücksichtsvollen Umgang miteinander zu sensibilisieren.

Danach folgen *Problemlöse- und Initiativaufgaben*, die sich im Schwierigkeitsgrad, Wettbewerbscharakter oder dem Koordinationsaufwand unterscheiden. Diese Aufgaben fordern die Problemlösefähigkeit von Gruppen. Führung, Koordination und Organisation sind dabei zentrale Funktionen. Die Herausforderung liegt häufig darin, sich gemeinsam einer scheinbar nicht lösbaren Aufgabe zu stellen und diese kreativ im Team zu bewältigen. Die Aufgaben sind schwierig, aber lösbar, wenn es der Gruppe gelingt, erfolgreich zusammenzuarbeiten. Auf diese Weise werden Faktoren und

Tabelle 16:
Outdoor-Training-Dramaturgie (Felfe & Liepmann, 1998)

Vorabaktivitäten	Instruktion briefing	Durchführung activity	Auswertung debriefing
Kennenlernen Warming-up	Ziele, Wertevertrag „full value contract"	Spiele	Beobachtung Bewusstmachung Affect, Behavior Consequence (ABC)
Vertrauensbildung	konkrete Zielsetzung	Initiativaufgaben Problemlöse-aufgaben	Bewertung Generalisierung
Hilfestellungs- und Sicherheits-techniken	Sicherheits-instruktionen	niedrige u. hohe Seilelemente „ropes course"	Transfer

Systematische Dramaturgie

71

Bedingungen effektiver Teamarbeit (Führung, offene Kommunikation, Beteiligung aller, gemeinsame Planung und Entscheidung, gegenseitige Unterstützung, Vertrauen etc.) erlebbar bzw. in der Auseinandersetzung mit der Aufgabe entwickelt. Darüber hinaus erfordern diese Aufgaben Initiative und Verantwortungsbereitschaft jedes einzelnen Teilnehmers.

Eine weitere Steigerung lässt sich mit *hohen Seilelementen* erreichen. Dabei sind Seile und Klettergeräte (ropes course, Seilgarten) in mehreren Metern Höhe installiert, sodass zusätzliche Sicherungsmaßnahmen notwendig sind. Das Klettern und Balancieren in der ungewohnten Höhe kostet in der Regel Selbstüberwindung. Soziale Unterstützung ist bei diesem Schritt hilfreich. Insbesondere durch die gegenseitige Seilsicherung wird die Bedeutung sozialer Verantwortung erlebbar und die Bereitschaft zur Verantwortungsübernahme gesteigert. Die gegenseitige Abhängigkeit lässt die Gruppe stärker zusammenrücken und festigt die Position des Einzelnen in der Gruppe. Danach können größere *Projekte oder Touren* bewältigt werden (Wanderungen, Bauprojekte, Bootstouren, etc.). Exemplarisch ist in Tabelle 17 ein Trainingsplan dargestellt.

Tabelle 17:
Outdoor-Trainingsplan

Zeit	Ziel	Inhalt	Methode
1. Tag	– Erwartungsklärung – Ziele und Regeln für das gemeinsame Lernen vereinbaren	– Positive und negative Erfahrungen mit Teamarbeit und Führung im Team – Ansprüche an die eigene (Führungs-)Rolle – Eigene Lernziele und Seminarregeln	– Kartenabfrage – full value contract
	– Gegenseitiges Kennenlernen, Gruppenbildung – Vertrauensbildung	– Kontaktaufnahme – Führungsfunktionen – Gegenseitige Wahrnehmung – Vertrauen, Respekt und Wertschätzung	– ggf. Übung zum Lernen der Namen – leichte Koordinationsaufgaben – Vertrauensübungen – Feedback u. Reflexion
2. Tag	– Aufgaben und Anforderungen in Gruppenaufgaben kennen und auf das eigene Verhalten anwenden	– Problemlösung – Führungsrollen – Planung und Entscheidung – Arbeitsteilung und Koordination	– Übung – Feedback und Reflexion
	– Restriktionen, Gestaltungsspielräume und Konflikte in Gruppen erkennen und aktiv beeinflussen	– Normen – Gruppendynamik – Rollen – Konflikte – Motivation	– Übung – Feedback und Reflexion

Tabelle 17 (Fortsetzung):
Outdoor-Trainingsplan

Zeit	Ziel	Inhalt	Methode
3. Tag	– Kenntnis der Risiken und Gefahrenpotenziale sowie Beherrschen der Sicherheitsregeln	– Sicherungstechniken – Sicherheitsvorschriften	– Vortrag – Instruktion
	– Erfolgreiche Bewährung in realen Aufgabensituationen	– Bewältigung der Aufgabe	– Projekt – Tour
	– Bedeutung der eigenen Persönlichkeit für das Führungsverhalten erkennen und eigene Entwicklungsziele ableiten – Maßnahmen zur Umsetzung der Trainingsinhalte in der Praxis vereinbaren – Abschluss	– Eigene Rollenmuster in Gruppen – Eigene Wirkung auf andere – Möglichkeiten, Chancen zu nutzen und Risiken zu mindern	– Feedbackübungen – Selbstreflexion – Erfahrungsaustausch, Transfertagebuch

Jede Übung ist eingebettet in eine ausführliche *Instruktions- und Reflexionsphase*. Die gemeinsame Zielsetzung und Planung sowie systematische Auswertung und gegenseitiges Feedback sind wesentliche Bestandteile des gemeinsamen Lernprozesses und Voraussetzung für einen wirkungsvollen Transfer. Anderenfalls besteht die Gefahr, dass der Freizeit- und Abenteueraspekt in den Vordergrund rückt und weitergehende Lern- und Transferchancen ungenutzt bleiben.

Systematische Reflexion entscheidend für den Lernprozess

3.3.3 Wirksamkeit und Effektivität

Studien zur Wirksamkeit von Outdoor-Trainings sind rar. Es existieren zwar viele anekdotische Hinweise und Teilnehmerreaktionen, aber wenig empirische Evaluationen. Eine der wenigen Metaanalysen zu Outdoor-Programmen, die Effekte für Führungskräfte angibt (Hattie, Marsh, Neill & Richards, 1997), berichtet insgesamt eine kleine Effektstärke ($d = .35$). Die deutlichsten führungsrelevanten Effekte zeigten sich hinsichtlich Entscheidungsfindung, Achtsamkeit und Zeiteffizienz. In dieser sowie einer weiteren Metaanalyse zur Effektivität von Trainings in Seilgärten (Gillis & Speelman, 2008) zeigt sich, dass die Outdoor-Trainings bei erwachsenen Teilnehmern wirksamer sind als bei Schülern und Studierenden. Das deutet darauf hin, dass eine gewisse Erfahrung erforderlich ist, um aus dem Erlebten Erkenntnisse für die eigene Persönlichkeit und das eigene Verhalten zu ziehen.

Weitere Hinweise zum Transfer des Gelernten gibt z. B. eine Befragung von 19 Unternehmen, die OMD anwenden bzw. kürzlich angewendet haben. Drei Viertel der Unternehmen (79 %) berichten Steigerungen der Arbeitseffektivität durch OMD, 47 % konnten auch positive Effekte auf Organisationsziele (z. B. Profitsteigerungen) beobachten (Badger, Sadler-Smith & Michie, 1997). In einer Fallstudie berichten McEvoy, Cragun und Appleby (1997) von OMD-Trainings, die darauf abzielten, ein neu zusammengesetztes Team von Top-Managern in kurzer Zeit zu einem effektiven Team mit einer gemeinsam entwickelten Unternehmensvision zu machen und die Umsetzung der Vision bei den Mitarbeitern zu fördern. Die Teilnehmer erlebten das Training überwiegend als positiv. Wichtiger ist jedoch, dass auch tatsächlich ein Lernen stattgefunden hat: Diejenigen Mitarbeiter, die bereits am OMD teilgenommen hatten, konnten mehr Wissen über die Prinzipien effektiver Teamarbeit abrufen (z. B. aktives Zuhören, Nutzung aller Ressourcen der Gruppe) und berichteten ein höheres Selbstvertrauen und organisationales Commitment als die Mitarbeiter, die noch nicht am OMD teilgenommen hatten. Nachweise, inwiefern Outdoor-Führungstrainings herkömmlichen Indoor Seminaren überlegen sind, stehen aber noch aus.

Nutzen von OMD

3.4 Fallstudien, Planspiele und Simulationen

3.4.1 *Konzept und Strategie*

Simulationen werden seit der „Top Management Decision Simulation" im Jahr 1956 (Orth, 1999) in der Führungskräfteentwicklung sowie in den letzten Jahren auch in der Organisationsentwicklung (Kriz, 2007) eingesetzt. In Fallstudien, Planspielen und Simulationen werden *Realitätsausschnitte* dargestellt und simuliert. In der einfachsten Form stellen *Fallstudien* (case studies) Informationen zu einem realen bzw. realitätsnahen Fall sowie Hinweise zur Lösung des Falles zur Verfügung (Domsch, Regnet & von Rosenstiel, 2012; Kaudela-Baum, Nagel, Bürkler & Glanzmann, 2011; Reetz, 1988). Sie können von Einzelpersonen oder Gruppen bearbeitet werden. Mithilfe von Leitfragen identifizieren die Teilnehmer das Problem, analysieren die Ursachen, und entwickeln Lösungsmöglichkeiten: Was ist das Problem, was sind mögliche Konsequenzen? Welche Ursachen spielen möglicherweise eine Rolle? Was sind mögliche Lösungsstrategien? Was sind die nächsten Schritte? Inhaltlich werden typische Konfliktsituationen dargestellt, wie die folgenden Beispiele in gekürzter Form zeigen:

74

Typische Konfliktsituationen in Fallstudien

- *Fall 1:* Frau Müller ist im eigenen Team zur Teamleiterin aufgestiegen. Da sie als Kollegin sehr beliebt war, erhoffen sich die Mitarbeiter deutliche Verbesserungen gegenüber dem alten Chef. Anfänglich verläuft die Arbeit im Team sehr harmonisch. Das Klima ändert sich jedoch, nachdem Frau Müller einen Mitarbeiter wegen eines Fehlers und eine Mitarbeiterin wegen Terminversäumnissen kritisiert hat. Das Team scheint sich jetzt in zwei Lager zu spalten: Eine Gruppe, die Frau Müller als neue Chefin unterstützt und eine andere, die ihre Unzufriedenheit deutlich kundtut und Frau Müller Chef-Allüren vorwirft.

- *Fall 2:* Frau Schulz ist als Abteilungsleiterin stolz auf ihre außerordentliche Fachkompetenz, Gewissenhaftigkeit und langjährige Erfahrung. Leider vermisst sie diese Fähigkeiten und Tugenden bei den meisten ihrer Mitarbeiter. Häufig kommen Fragen, die deutlich machen, dass die Mitarbeiter unsicher und unselbstständig sind. Auch entdeckt sie bei ihren Kontrollen immer wieder Fehler. Das gilt auch für Routineaufgaben. Schwierigere Aufgaben erledigt sie daher lieber selbst. Während ihre Mitarbeiter meist rechtzeitig Feierabend machen, stapelt sich bei Frau Schulz die Arbeit. Als ihr jetzt vom Vorstand eine zusätzliche Aufgabe übertragen wird, hat sie große Sorge, ihre Arbeit nicht mehr bewältigen zu können.

- *Fall 3:* Herr Schmidt ist langjähriger Mitarbeiter in Ihrem Team. Sie schätzen seine ruhige, zuverlässige und kompetente Arbeit. Seit einem halben Jahr ist das Arbeitsgebiet von Herrn Schmidt personell verstärkt worden. Nicht zuletzt auch, weil Herr Schmidt immer wieder auf den steigenden Arbeitsanfall hingewiesen hat. Der neue junge Kollege macht einen kompetenten und aufgeschlossenen Eindruck und hat sicher noch weiteres Entwicklungspotenzial. Sie sind froh, hier kompetente Verstärkung erhalten zu haben. Statt ebenfalls über die Entlastung erfreut zu sein, wirkt Herr Schmidt aber zunehmend abweisend und zurückgezogen. Auch fällt Ihnen auf, dass sich der neue Mitarbeiter bei Fragen eher an Sie als an Herrn Schmidt wendet. Soeben erfahren Sie, dass sich der neue Kollege auf eine interne Ausschreibung in einer Nachbarabteilung beworben hat.

In komplexeren *Planspielen* (auch business games, Strauß & Kleinmann, 1995) und *Simulationen* werden komplexere „Lagen" geschildert. Dabei kann z. B. ein vollständiger Wirtschaftsbetrieb mit allen Funktionsbereichen und Problemen nachgestellt werden. Die Teilnehmer sind üblicherweise in mehrere Teams eingeteilt. In der Rolle einer Führungskraft treffen sie Entscheidungen, deren Folgen für das Unternehmen simuliert und rückgemeldet werden (Sonntag & Schaper, 2006). Dadurch erhält das Planspiel sei-

Komplexe Situationen simulieren

nen dynamischen Charakter. In mehreren Durchgängen werden das Fällen von Entscheidungen und die Spiegelung der Konsequenzen wiederholt, sodass zum Abschluss eine Gesamtauswertung mit Bilanzierung erfolgen kann (Sonntag & Schaper, 2006). In Fallstudien, Planspielen und Simulationen kann der Trainer als Moderator den Problemlöseprozess unterstützen, z. B. wenn nötig korrigierend einschreiten und auf mögliche Informationsquellen hinweisen sowie den Erfahrungsaustausch anleiten.

Der große Vorteil dieser Methoden liegt darin, dass komplexe Führungsprozesse und -aufgaben kennengelernt und geübt werden können, ohne negative Konsequenzen befürchten zu müssen. Simulationen regen dazu an, zu experimentieren und verschiedene Strategien auszuprobieren und die Folgen einschätzen zu lernen (Clarke, 2009). Sie sorgen damit in relativ kurzer Zeit für Erfahrungsvielfalt. Da Simulationen die Folgen des eigenen Handelns direkt aufzeigen, können Lernen und Verhaltensänderungen unmittelbar beobachtet werden (Keys & Wolfe, 1990). Der Spielcharakter trägt außerdem zur Motivation der Teilnehmer bei.

Häufig werden Planspiele und Simulationen *computergestützt* eingesetzt. Aufwendige und entsprechend teure Simulationen *(„high-fidelity Simulatoren")* bilden einen Arbeitsplatz möglichst „naturgetreu" nach, inklusive der technischen Anzeigen, Bedienelemente, Geräusche, Temperaturen usw. Diese Simulationen wurden ursprünglich im militärischen Bereich und der Luftfahrt entwickelt und sollten insbesondere die *technischen Fähigkeiten* (z. B. Gerätebedienung, Routinen/Prozeduren) schulen. Da sie sich auch dazu eignen, *nicht-technische Fähigkeiten* (z. B. Kommunikation, Belastbarkeit, Teamkoordination) und *organisatorisch-strategische Fähigkeiten* (z. B. Lageerfassung, Informationsintegration, Entscheidung) zu trainieren, wurden sie zunehmend auch für andere Branchen angepasst, z. B. für die chemische und Atomindustrie, Seefahrt, Business Continuity Management von Banken (Strohschneider, 2008). Dabei ist das *Crew Resource Management* (CRM) eine wichtige Weiterentwicklung, da sie menschliches Verhalten in Interaktionen mit anderen Menschen in kritischen Situationen fokussiert. Bei CRM-Trainings werden Aufgaben und Prozesse simuliert, bei denen Teammitglieder interagieren müssen, um eine kritische Situation zu lösen (z. B. Teams im OP-Saal, Cockpit oder auf der Schiffsbrücke).

Crew Training

3.4.2 Ablauf

Die genannten Simulationen wurden insbesondere für spezifische Hochrisiko-Branchen entwickelt. Ein Training, welches die Vorzüge der Simulation auch in Branchen mit niedrigerem Risiko nutzt (z. B. Banken, Hotels, Bahnhöfe, Geschäftskomplexe), ist das *Allgemeine Krisenstabstraining*

(Strohschneider, 2003). Idee dieses Trainings ist, dass kritische Situationen der Stabsarbeit in jeder Branche ähnliche Anforderungen an die Stabsmitglieder stellen. Mithilfe von Simulationen werden diese Anforderungen bewusst gemacht und deren Bewältigung trainiert.

Das Allgemeine Krisenstabstraining kombiniert die Simulation von Schwierigkeiten der Stabsarbeit mit verschiedenen anderen Trainingsmethoden, um Charakteristiken von Krisensituationen bewusst zu machen und gemeinsam Bewältigungsstrategien eines effektiven Notfall-Managements zu erarbeiten. Ein solches Training dauert etwa 2 bis 3 Tage. In Tabelle 18 ist exemplarisch der Ablauf dargestellt (in Anlehnung an Strohschneider, 2008).

Im Training soll zunächst Sensibilität für die Merkmale und Anforderungen kritischer Situationen geschaffen werden. Danach wird eine typische kritische Situation simuliert. Die Übung „MS Antwerpen" simuliert ein Kreuzfahrtschiff auf der Fahrt durch den Nordatlantik in einer stürmischen Nacht (Strohschneider & Gerdes, 2004). Die Wetterbedingungen sowie verschiedene technische und passagierbezogene Probleme (z. B. Seekrankheit, Panik) sorgen für kritische Situationen, die die 6 bis 7 „Crewmitglieder" bewältigen müssen, um das Schiff und die Passagiere unbeschadet zum Zielhafen zu führen. Nach der Simulation werden die Stärken und Probleme der „Crew", die sich unter Belastung gezeigt haben, aufgedeckt. Ergänzt wird dies um Informationen zu typischen Problemen, die in Krisensituationen auftreten, und deren Ursachen. Daran anschließend werden Handlungsanweisungen und konkrete Maßnahmen für den nächsten „Einsatz" geplant.

Training kritischer Situationen

Tabelle 18:
Ablauf Simulation (in Anlehnung an Strohschneider, 2008)

Zeit	Ziel	Inhalt	Methode
1. Tag	– Erwartungsklärung – Ziele und Regeln für das gemeinsame Lernen vereinbaren	– Charakteristiken kritischer Stabssituationen und ihre Anforderungen – Erfahrungen der Teilnehmer	– Kartenabfrage – Erfahrungsaustausch
	– Wissen über die Anforderungen und Funktionen von Krisenstäben – Kenntnis kritischer Situationen und Problemlagen	– Akteure, Rollen – Zuständigkeiten, Recht – Erwartungen – Dynamiken – Konflikte – Strategien – Notfallmanagement	– Vortrag – Gruppenarbeit – Diskussion

Tabelle 18 (Fortsetzung):
Ablauf Simulation

Zeit	Ziel	Inhalt	Methode
1. Tag	– Handeln in einer Not-fallsituation erproben und erleben	– z. B. „MS Antwerpen"	– Simulation
2. Tag	– Erkennen leistungskri-tischer Situationen – Entwicklung von Lösungen	– Positives und negati-ves Verhalten in der Simulation (Kommuni-kationsverhalten, Entscheidung) – Umgang mit Druck und Dilemmata	– angeleitete Reflexion – Diskussion – Stärken- und Fehleranalyse
	– Vertiefung der Kennt-nisse in einzelnen Bereichen	– Umgang mit Medien – Umgang mit Politik – Gruppenprozesse	– Vortrag und Erfah-rungsaustausch
	– Handlungssicherheit in kritischen Bereichen	– Lagebeurteilung und Entscheiden – Presseinterview – Berichten an zuständige Stellen	– Übung mit weiteren Simulationen – Reflexion über Ergebnisse und Veränderungen
3. Tag	– Ableitung von Regeln und Handlungsanwei-sungen, Checklisten und Plänen	– Ausgewählte Bereiche	– Gruppenarbeit „Do's and Don'ts der Stabsarbeit"
	– Transfer sichern – Abschluss	– Maßnahmen zur Um-setzung der Trainings-inhalte in der Praxis vereinbaren	– Reflexion und Abschlussfeedback

3.4.3 Wirksamkeit und Effektivität

Zur Wirksamkeit von Fallstudien, Planspielen und Simulationen liegen nur vereinzelt Studien vor (z. B. Steffens, 1992). Die Effektivität von Planspie-len und Simulationen für die Verbesserung des Führungsverhaltens ist um-stritten (Kaschube & von Rosenstiel, 2004). Kritisch werden z. B. die feh-lende Realitätsnähe, hohe Kosten oder mangelnde Kontrollmöglichkeiten durch die passive Trainerrolle gesehen (Poisson-de Haro & Turgut, 2012). Eine Studie von Kaplan, Lombardo und Mazique (1985) mit 17 untersuch-ten Führungskräften ergab jedoch eine deutliche Verbesserung des Füh-rungsverhaltens sowie der Kooperation.

Um mit Fallstudien, Planspielen und Simulationen eine optimale Wirkung zu erzielen, scheint es vor allem wichtig zu sein, sie mit anderen Methoden zu kombinieren: Präsentation eines effektiven Modells, Nachbereitung der

Erfahrungen (debriefing), Coaching und Feedback (Keys & Wolfe, 1990; Tannenbaum & Yukl, 1992; Sonntag & Schaper, 2006; Strohschneider, 2008). Studien zu CRM-Trainings und Krisenstabtrainings, die typischerweise mit einer intensiven Vor- und Nachbereitung durchgeführt werden, zeigen entsprechend positive Wirkungen wie die Verbesserung der Teamarbeit und Teamleistung bei hoher Belastung (für einen Überblick siehe Strohschneider, 2008 und Strohschneider & Gerdes, 2004).

3.5 Projektlernen – Action Learning

3.5.1 Konzept und Strategie

Während sich Unternehmensplanspiele und Simulationen an der Realität orientieren, jedoch „off the job" stattfinden, ist das Training beim „Action Learning" unmittelbar mit der Arbeitssituation verknüpft. Action Learning ist vor allem in den USA in der Führungskräfteentwicklung bekannt (Leonard & Lang, 2010). Action Learning findet in Projektgruppen statt, die zur Lösung konkreter Unternehmensprobleme eingesetzt werden. Bearbeitet werden die realen Geschäfts- bzw. Organisationsprobleme. Gleichzeitig haben die Teilnehmer die Möglichkeit, ihre Kompetenzen zu entwickeln, indem sie die Problemlösung aktiv voranbringen. Damit bedingen sich die persönliche Entwicklung und der Fortschritt im Unternehmen gegenseitig.

Projekte als Trainingsmethode

Action Learning entspricht weitgehend dem Projektlernen. Themen können in unterschiedlichen Bereichen angesiedelt sein, Beispiele sind:
– Entwicklung einer Marketingstrategie,
– Implemetierung eines Qualitätsmanagementsystems,
– Einrichtung oder Überarbeitung eines Beurteilungssystems,
– Optimierung eines Produktionsprozesses,
– Entwicklung eines Konzepts zur Verbesserung der Vereinbarkeit von Familie und Beruf.

3.5.2 Ablauf

Der Ablauf von Action Learning ist durch folgende Prozesse und Strukturen gekennzeichnet:
– Ein *reales Geschäftsproblem* wird als Projekt definiert und es gibt eine Person *(Client oder Problem-Owner)*, in deren Verantwortungsbereich das Problem liegt und die somit ein zentrales Interesse an der Lösung des Problems hat.
– Ein Action Learning-Team besteht aus Mitgliedern *unterschiedlicher Fachrichtungen* oder Abteilungen *(Set-Mitglieder)*, die in das Projekt in-

volviert sind (z. B. Personal, Marketing und Organisation) und über einen längeren Zeitraum (3–6 Monate) zusammenarbeiten.

– Zentral für Action Learning bzw. Projektarbeit ist das *Arbeiten im Team* bzw. der Projektgruppe (5–8 Personen), um das Lernen miteinander und voneinander zu gestalten. Die Gruppe bietet den Rahmen für Reflexion und Erprobung neuer Lösungen.

– Das Programm beinhaltet meist mehrere mehrtägige *Workshops sowie Arbeitstreffen*, in denen Ergebnisse präsentiert und Lösungen erarbeitet werden.

– Den Teilnehmern steht während der Projektlaufzeit ein *Set-Berater* zur Seite, der den Projektfortschritt und die gruppendynamischen Lernprozesse unterstützt. Zusätzliches Expertenwissen wird ggf. durch Tutoren zur Verfügung gestellt.

Systematischer Ablauf

Der allgemeine Ablauf eines Action Learning-Programms ist in Abbildung 11 dargestellt. Da Action Learning in der Regel komplexere und spezifisch auf die Organisation abgestimmte Projekte bzw. Programme beinhaltet, lässt sich kein allgemeingültiger Ablauf mit detaillierten Zielen, Inhalten und Methoden darstellen. Im Folgenden wird aber ein reales Beispiel vorgestellt. Das Beispiel zeigt ein eher kurzfristig angelegtes Action Learning-Projekt eines Finanzdienstleistungsunternehmens zur Stärkung der strategischen Kompetenzen von Führungskräften einerseits und der Lösung von Unternehmensproblemen andererseits.

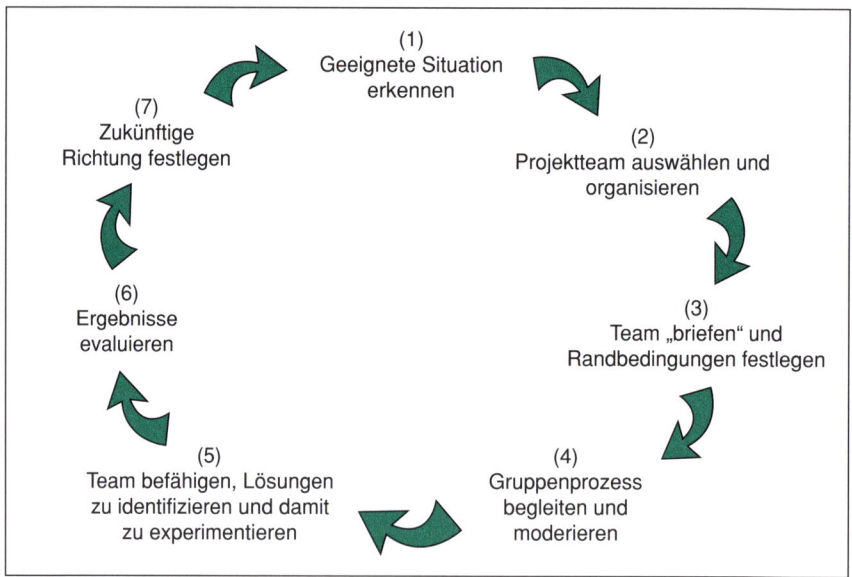

Abbildung 11:
Beispielhafter Ablauf eines Action Learning-Programms
(in Anlehnung an Hauser, 2008, S. 57)

80

Problem

Die Analyse der Kundenstruktur eines Finanzdienstleisters ergibt, dass die Marktanteile bei älteren wie auch bei jüngeren Kundengruppen im Vergleich zu den Wettbewerbern als hoch bezeichnet werden können, während die Kunden in den mittleren Altergruppen (nach der Ausbildung, junge Familien) stark abwanderungsgefährdet sind.

Projektgruppe

Die Auswahl der Teilnehmer erfolgt unternehmensweit durch ein internes Talent-Auswahlverfahren. Einbezogen werden Nachwuchskräfte aus unterschiedlichen Bereichen: Vertrieb, Controlling, Marketing und Organisation.

Projektdurchführung

Für den Projektablauf sind folgende Schritte vorgesehen.
a) 2 Tage Teambuilding und Orientierung auf den Problembereich (Ist-Analyse, Klärung der konkreten Ziele und Abstimmung der Vorgehenweise),
b) 2 bis 3 Monate Datensammlung zur Ursachenanalyse (strukturierte Experteninterviews mit Mitarbeitern aus unterschiedlichen Unternehmensbereichen und Standorten, Fokusgruppen, Kundenbefragungen und Kundenworkshops, Analyse der Wettbewerber, etc.),
c) 2 Monate Datenanalyse und Aufbereitung der Ergebnisse in parallelen Kleingruppen und Entwicklung von Lösungsansätzen und konkreten Empfehlungen in einem gemeinsamen Workshop,
d) Präsentation der Ergebnisse für die Geschäftsführung,
e) 1 Tag Debriefing und Reflexion mit einem Coach (über Ergebnisse, Teamprozesse und individuelle Entwicklungsmöglichkeiten),
f) 1 bis 2 Wochen später Nachbesprechung mit dem Senior-Management über Implementierung.

3.5.3 Wirksamkeit und Effektivität

Obwohl Action Learning auch in Deutschland zunehmende Beachtung findet (Hauser, 2008), gibt es neben anekdotischen Berichten bisher kaum empirische Belege zur Wirksamkeit. Ein Überblick von Leonard und Marquardt (2010) über 21 Studien weist aber in eine positive Richtung. Übereinstimmend werden positive Entwicklungen der Führungsfähigkeiten berichtet, insbesondere der Team- und Problemlösefähigkeit. Die Wirksamkeit von Action Learning wird begünstigt durch ein Lernen von und mit heterogenen Teammitgliedern (z. B. Herkunft, beruflicher Hintergrund) und die Begleitung durch einen Trainer oder Berater (Hauser, 2008; Leonard & Marquardt, 2010).

Nutzen nachgewiesen

81

3.6 Projektleitungen und Vertretungen

3.6.1 Konzept und Strategie

Die Übernahme von Projektleitungen oder Vertretungen stellt eine weitere Steigerung der Realitätsnähe im Vergleich zu Simulationen und Action Learning dar. Für einen begrenzten Bereich und meist für eine begrenzte Zeit wird *reale Verantwortung* für ein (Projekt-)Team übernommen. Durch die Übernahme eines regulären Projekts oder einer leitenden Vertretungsposition wird es möglich, unter realen Bedingungen Führungserfahrungen zu sammeln. Dadurch können „on the job" erforderliche Kompetenzen aufgebaut und die eigenen Erwartungen mit den realen Anforderungen einer solchen Position verglichen werden.

Reale Verantwortung übertragen Vor dem Hintergrund, dass Führungskräfte selbst umfassende Auswahlverfahren durchlaufen, bevor sie eine Leitungsposition übernehmen, scheint die Auswahl der Stellvertreter meist vernachlässigt zu werden. Deshalb müssen Stellvertreter, aber auch unerfahrene Projektleiter auf die Herausforderungen dieser Maßnahme vorbereitet werden (Stelzer-Rothe, 2010). Um den größtmöglichen Lernerfolg zu gewährleisten, sollten begleitende Trainings, Mentoring und Coachings angeboten und regelmäßiges Feedback (z. B. in Form von Entwicklungs- und Fördergesprächen) gegeben werden.

Neben diesen eher kurzfristigen Projektleitungen für Führungskräftenachwuchs, wird die Projektleitung auch zunehmend als längerfristige, dritte Lauf-

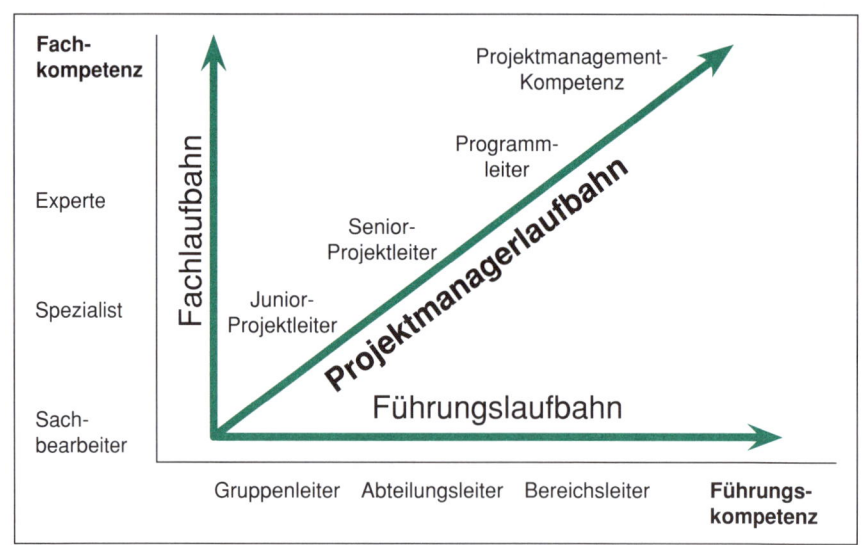

Abbildung 12:
Projektleiter-Karriere als Laufbahnmöglichkeit (in Anlehnung an Kuster et al., 2011)

82

bahnmöglichkeit neben klassischer Fach- oder Führungskarriere gesehen (Kuster, Huber, Lippmann, Schmid, Schneider, Witschi & Wüst, 2011).

Der Einsatz als Projektleiter bietet auch erfahreneren Führungskräften neue Möglichkeiten, anspruchsvollere Führungssituationen kennenzulernen und ihre Sozialkompetenz weiterzuentwickeln. Wie in Abbildung 12 dargestellt, kann je nach Eignung und Interesse von der Laufbahn „Projektleitung" auch auf die klassischen Laufbahnpfade gewechselt werden.

3.6.2 Wirksamkeit und Effektivität

Die Überprüfung der Lerngewinne durch Übernahme von Projektleitungen bzw. Vertretungen steht noch aus. In der Praxis stehen die Bewährung und der Nutzen der Projektleitung als Arbeitsprobe sowie der flexible Einsatz der Führungskräfte im Vordergrund (Kaschube & von Rosenstiel, 2004). Die zuvor dargestellte Transferproblematik, die insbesondere bei Trainings „off the job" eine wichtige Rolle für die Wirksamkeit darstellt, spielt hier keine Rolle.

3.7 Trainee-Programm, Förderkreis und Kamingespräch

Während die Übernahme von Projektleitungen und Vertretungen Führungs-kräfte mit einem realen Führungsprojekt konfrontieren, handelt es sich bei Trainee-Programmen, Förderkreisen und Kamingesprächen um spezifische Fördermaßnahmen, die zu Beginn der Führungskarriere oder begleitend durchgeführt werden, um Führungskräfte miteinander zu vernetzen. Sie können systematische Trainings nicht ersetzen, aber ergänzen. Häufig sind Trainings auch Bestandteil von Trainee-Programmen.

3.7.1 Konzept und Strategie

Trainee-Programme sind firmenspezifische Nachwuchsförderungspro-gramme, in denen zukünftige Führungskräfte wichtige Abteilungen eines Unternehmens innerhalb kurzer Zeit (6 bis maximal 24 Monate) durchlau-fen. Die Trainees können ihr zukünftiges Einsatzgebiet schnell und umfas-send kennenlernen, ihre Kenntnisse über eigene Fähigkeiten und Entwick-lungspotenziale vertiefen und sich leichter mit anderen Führungskräften des Unternehmens vernetzen. Die Trainees erhalten dadurch Überblick über die unterschiedlichen Funktionsbereiche des Unternehmens. Neben flankieren-den Trainings, Seminaren und Netzwerkveranstaltungen beinhalten die Pro-gramme auch die Übernahme von kleineren Projekten oder Vertretungen.

Das „klassische" Trainee-Programm ist ressortübergreifend angelegt. Zusätzlich kann eine Fachausbildungsphase integriert sein. Aber auch ressortbegrenzte Programme mit Vertiefungsphase oder projektbezogene Programme werden angeboten (Thom & Friedli, 2008).

Vernetzung fördern *Förderkreise* bieten vor allem einen Rahmen für regelmäßige Treffen von Nachwuchsführungskräften eines Unternehmens. Ziel ist, dass sich die Teilnehmer kennenlernen und vernetzen. Auch hier können flankierend Trainings, Seminare und Coaching angeboten werden. Im Vergleich zu Trainee-Programmen verfügen die Teilnehmer bereits über Erfahrungen im Unternehmen und wechseln die Abteilungen nicht mehr.

Kamingespräche dienen ebenfalls der Vernetzung und dem Erfahrungsaustausch. Sie finden als eigenständige Abendveranstaltung oder als ergänzender Programmpunkt im Rahmen von Trainings und Seminaren statt. Dabei sprechen Vertreter der Unternehmensleitung, andere erfahrene Führungskräfte des Unternehmens oder auch externe Gäste in „ungezwungener", ansprechender Atmosphäre über ein vorab festgelegtes Thema (z. B. Führungsrolle in Unternehmen XY, Märkte in XY) oder informieren über Ziele, Strategien und Projekte des Unternehmens. Die Kamingespräche können dabei von einem Trainer oder Moderator begleitet werden, der die Gesprächsleitung der anschließenden Diskussion übernimmt (Teuber, 2005). Durch den eher informellen Rahmen dieser Gespräche haben die Teilnehmer die Gelegenheit, Führungspersönlichkeiten „von einer anderen Seite" kennenzulernen, an ihrem Wissen und ihren Erfahrungen teilzuhaben und mit ihnen ins Gespräch zu kommen.

3.7.2 Wirksamkeit und Effektivität

Eine empirische Evaluation von Trainee-Programmen steht noch aus. Eine Befragung von Unternehmen, die Trainee-Programme einsetzen, zeigte jedoch, dass der zeitliche Einsatz des verantwortlichen Vorgesetzten und die Integration von Projektarbeit als Trainee-Baustein positiv auf den Erfolg der Programme wirken. Je mehr Zeit der verantwortliche Vorgesetzte in das Trainee-Programm investiert (z. B. Feedback), umso schneller integrieren sich die Trainees in das Unternehmen (Nesemann, 2012). Die Befragung zeigte weiterhin, dass Trainee-Programme Trainees besonders dann langfristig ans Unternehmen binden können, wenn das Trainee-Programm in der betrieblichen Personalentwicklung verankert und entsprechend mit weiteren Entwicklungsangeboten verknüpfbar ist.

Evaluationen zu Förderkreisen und Kamingesprächen sind nicht bekannt. Hier steht, ähnlich wie bei Projektleitungen und Vertretungen, der praktische Nutzen und das wirkungsvolle „Netzwerken" im Vordergrund.

3.8 Führungskräfte-Coaching

3.8.1 Konzept und Strategie

Generell besteht das Ziel eines Coachings in der Vermittlung beruflicher Handlungskompetenz und in der Persönlichkeitsentwicklung. Charakteristisch für das Coaching ist eine personen- und prozessorientierte Beratung, die auf die persönlichen Erfordernisse und Bedürfnisse zugeschnitten ist (Rauen, 2008). Die individuelle Beratung steht damit im Vordergrund und erfolgt vor allem nach dem Prinzip der *Hilfe zur Selbsthilfe*. Coaching hat in der Führungskräfteentwicklung einen zentralen Stellenwert. Gemeinsam mit dem Coach wird das aktuelle und vergangene Führungsverhalten systematisch reflektiert. Der Teilnehmer (Coachee) wird bei der bewussten Wahrnehmung der *Führungsrolle* und der Entwicklung neuer Sichtweisen und Lösungen unterstützt. Zielgruppe sind gleichermaßen erfahrene Führungskräfte wie Nachwuchsführungskräfte. Für Nachwuchskräfte wird Coaching häufig als *Ergänzung zu Trainings* angeboten, um den Transfererfolg zu unterstützen. Dies kann bereits zwischen einzelnen Trainingsbausteinen beginnen oder nach Abschluss einer Trainingsbausteinreihe erfolgen. Mitunter werden auch im Rahmen von Trainings Coaching-Einzelsitzungen oder Gruppencoaching angeboten.

Coaching als Hilfe zur Selbsthilfe

Ein individuelles Coaching im Anschluss an ein Training umfasst je nach Bedarf ca. 5 bis 10 Termine und dauert in der Regel zwischen 3 bis 6 Monaten. In den regelmäßigen Treffen werden gezielt aktuelle Probleme und mögliche Lösungen besprochen und Verhaltensweisen geübt, die effektiver und effizienter sind als bisheriges Führungsverhalten. Häufig werden auch übergreifende Themen aus der Lebens- und Arbeitswelt bearbeitet, beispielsweise die Vereinbarkeit von Beruf und Familie, die Beziehung zu einzelnen Mitarbeitern oder die Entscheidung über weiterführende Karriereschritte (Schreyögg, 2008).

Coaching erfordert eine vertrauensvolle Beziehung zwischen Coach und Teilnehmer, die durch Freiwilligkeit, gegenseitige Akzeptanz und Diskretion gekennzeichnet ist. Dies ist notwendig, um auch „problematische Punkte" offen ansprechen und bearbeiten zu können. Wichtige Voraussetzungen für ein erfolgreiches Coaching sind:
- Freiwilligkeit der Teilnahme des Coachees,
- Gegenseitige Wertschätzung von Coach und Coachee,
- Unabhängigkeit und Neutralität, um offene Gespräche zu ermöglichen,
- eine Vertrauensbeziehung zwischen Coach und Coachee und
- fachliche und Beratungskompetenz des Coaches.

Voraussetzungen für erfolgreiches Coaching

3.8.2 Ablauf

Der Ablauf eines Coachings wird in unterschiedliche Phasen unterteilt (in Anlehnung an Rauen, 2001, siehe auch Felfe, 2009):

1. Die Eröffnungs- und Kontaktphase dient vor allem dazu, eine vertrauensvolle und entspannte Atmosphäre zu schaffen und die gegenseitigen Erwartungen zu klären.

2. Wenn sich Coach und Klient für die Zusammenarbeit entschieden haben, legen sie im nächsten Schritt gemeinsam die Ziele und das weitere Vorgehen fest und schließen einen formalen und einen psychologischen Vertrag. Der formale Vertrag regelt die Rahmenbedingungen der Beratung **Systematischer** (z. B. Anzahl der Sitzungen, Ort, Geheimhaltungspflicht). Im psycholo-**Coaching-** gischen Vertrag legen Coach und Klient fest, nach welchen „Spielregeln" **prozess** das Coaching gestaltet wird (z. B. Bereitschaft zum selbstkritischen Hinterfragen, Willen zur Verhaltensänderung) und welche Themenbereiche angesprochen werden sollen.

3. In der Arbeitsphase des Coachings wird die Ausgangssituation weiter geklärt. Ziele und Lösungswege werden im Detail erarbeitet und Methoden zur Stärkung der Handlungskompetenz eingesetzt. Dabei werden neben der gemeinsamen Reflexion je nach Bedarf unterschiedliche Methoden eingesetzt, z. B. Beobachtung am Arbeitsplatz (Shadowing), Rollenspiele, Feedback geben, Konfrontation.

4. Abschließend wird der Coaching-Prozess hinsichtlich der Zielerreichung bewertet, Vereinbarungen zum weiteren Vorgehen geschlossen und das Coaching formal beendet.

3.8.3 Wirksamkeit und Effektivität

Coachings erfreuen sich insbesondere bei der Entwicklung von Führungskräften großer Beliebtheit. McDermott, Levenson und Newton (2007) stellen in einer Überblicksarbeit fest, dass lediglich ein Drittel der von ihnen untersuchten Coaching-Initiativen bisher evaluiert wurden. Die vorliegenden empirischen Studien über die Effekte von Coaching sind aber leider oft mit methodischen Mängeln behaftet (Schreyögg, 2011). Ein Grund dafür könnte sein, dass sich die Evaluation von Coaching-Programmen aufgrund der Eigenheiten des Coachings als besonders schwierig gestaltet. Durch die unterschiedlichen Interessen der Beteiligten (Auftraggeber, Coach, Klient, Coaching-Organisation), die individuelle 1:1-Beziehung, kurz- und langfristige Effekte, die Dynamik der Beratung und methodische Vielfalt im Coaching fehlt es bisher an einer Grundlage für eine systematische Evaluation.

In seinem Überblick über den Stand der Evaluationsforschung stellt Greif (2008) Wirkfaktoren und Ergebnisse von Einzelcoaching heraus. Als gesichert gilt, dass die *Beziehungsqualität* (z. B. ein wertschätzender und unterstützender Umgang) und die *Konkretisierung und Klärung der Ziele* im Laufe des Coachings wesentlich zum Erfolg eines Coachings beitragen. Empirisch bestätigt ist auch, dass Klienten nach dem Coaching einen höheren Zielerreichungsgrad, mehr Zufriedenheit und ein verbessertes psychisches Befinden berichten. Es gibt zudem Hinweise, dass sich nach einem externen Coaching auch die objektive Leistung der Führungskräfte verbessert (Olivero, Bane & Kopelman, 1997; Smither, London, Flautt, Vargas & Kucine, 2002).

Faktoren für erfolgreiches Coaching

3.9 Mentoring-Programme

3.9.1 Konzept und Strategie

Beim Mentoring übernimmt eine ältere, erfahrene Führungskraft (Mentor) die „Patenschaft" für eine junge bzw. neu ins Unternehmen gekommene Führungskraft (Mentee bzw. Protegé). Ziel ist es, die berufliche Entwicklung und Integration der Nachwuchsführungskraft im Unternehmen zu fördern, Reibungsverluste zu vermeiden und die Führungskraft langfristig an das Unternehmen zu binden. Der Mentor kann mit Rat und Tat zur Seite stehen und ggf. seine Stellung im Unternehmen nutzen, um die Karriere seines Protegés voranzubringen. Mentoring kann ähnlich wie Coaching dazu beitragen, den Transfererfolg von Trainings zu fördern.

Wie auch beim Coaching ist die vertrauensvolle Beziehung zwischen Mentor und Protegé eine wichtige Voraussetzung, wobei im Unterschied zum Coaching ein klares Beziehungsgefälle vorliegt. Der Mentor nimmt zwar auch die Rolle des Zuhörers und Gesprächspartners ein, unterstützt aber auch direkt mit seinem Fachwissen, seiner allgemeinen Expertise, Ratschlägen und Kontakten und übernimmt meist auch eine Vorbildfunktion im Sinne eines Rollenmodells. Anders als beim Coaching muss es keinen konkreten Entwicklungsbedarf beim Protegé geben.

Als Mentor Erfahrung weitergeben

3.9.2 Wirksamkeit und Effektivität

Verschiedene Studien weisen auf positive Effekte von Mentoring-Programmen hin (Blickle & Schneider, 2007; Grote, Denison & Bigalk, 2009; Wanberg, Welsh & Hezlett, 2003). Neben verbesserten Führungsfähigkeiten werden auch ein schnelleres Einleben in die Führungsrolle, weniger Gefühle der Isolation, eine stärkere Professionalisierung und erhöhte Arbeitszufriedenheit genannt (vgl. Stead, 2005). Dies hat auch dazu geführt, dass viele Unternehmen obligatorische Mentoren-Programme mit formaler Zuweisung von Protegés zu Mentoren eingeführt haben. Diese formale Zuweisung wird jedoch kritisch gesehen und schmälert die Wirksamkeit der Programme (Blickle, 2000), da die Passung gegenseitiger Sympathie geringer ausfallen kann als bei selbstinitiierten Mentor-Mentee-Bindungen und damit die Herausbildung eines Vertrauensverhältnisses erschwert wird erschwert.

In einer Studie zur Untersuchung der Wirksamkeit eines Mentoring-Programms identifizierte Solansky (2010) weitere erfolgskritische Faktoren. Insbesondere die Bereitschaft des Mentors sich zu engagieren und nicht nur die Programmregeln einzuhalten, spielt eine wichtige Rolle für den Erfolg. Je mehr Zeit der Mentor in die Kommunikation mit dem Mentee investiert, desto offener und effektiver entwickelt sich die Beziehung. Dadurch werden mehr Informationen ausgetauscht und führungsrelevante Themen diskutiert. Empfohlen wird daher, eine Mindestanzahl an Kontakten vorzugeben und den Erfolg kontinuierlich zu kontrollieren (Solansky, 2010).

4 Vorgehen, Übungen und Methoden

In diesem Abschnitt werden typische Übungen dargestellt, die in den im letzten Kapitel besprochenen Trainingsmaßnahmen häufig Anwendung finden. Diese Beispiele veranschaulichen zum einen, wie Übungen konkret durchgeführt werden können und was dabei vom Trainer zu beachten ist. Zum anderen dienen diese Übungen als Anregung für die Trainingsgestaltung. Dabei geben sie Einblick in die typische Trainingsdramaturgie vom Einstieg bis zum Abschluss.

Die ersten drei Übungen „Magic Stick", „Psycho-Logik der Führung" und „Führen und geführt werden" werden häufig zu Beginn eines Trainings oder Seminars eingesetzt, um die Teilnehmer auf das Thema einzustimmen und sie mit ihren Erfahrungen „abzuholen". Danach folgt ein Beispiel für eine Fallstudie zum Thema Arbeitsorganisation und Zeitmanagement. Die anschließenden Rollenspiele zeigen, wie anhand typischer, kritischer Gesprächssituationen konkretes Führungsverhalten trainiert werden kann. Die „Spinne" ist ein Klassiker aus dem Repertoire der Outdoor-Übungen. Abschließend zeigt die Übung „Zukunftsinterview", wie ein Seminar abgeschlossen werden kann und die Führungskräfte mit Transferanregungen in ihren Führungsalltag entlassen werden. Die Übungen werden jeweils in einer einheitlichen und übersichtlichen Form auf den nächsten Seiten dargestellt.

Durch Übungen Führung erlebbar machen

4.1 Warming-up: „Magic Stick"

Diese recht kurze Übung bringt die Teilnehmer schnell miteinander in Kontakt und stimmt sie auf das Training ein (Warming-up). Gleichzeitig bietet sie eine gute Veranschaulichung, wie wichtig Koordination, Kommunikation und Führung sind.

Die scheinbar einfache Aufgabe, einen Stab gemeinsam auf den Boden abzulegen erweist sich beim ersten Versuch aber als schwierig. Der Stab bewegt sich nach oben statt nach unten („magic"). Die Bewältigung dieser Aufgabe gelingt nur mit systematischer Koordination und Kommunikation. Hierzu ist Führung erforderlich. Außerdem sind Motivation und Konzentration für den Erfolg entscheidend. Deutlich werden die Schwierigkeiten, in einer zunächst führerlosen Gruppe Führung zu etablieren. Reflektiert werden kann die individuelle Bereitschaft bzw. Zurückhaltung bei der Übernahme von Führung, aber auch die Rolle der Gruppenmitglieder, die die Führung unterstützen oder verhindern können.

Übung „Magic Stick"

Einsatzbereich	Als Einstimmung zu Beginn eines Führungstrainings (Warming-up) oder um die Teilnehmer für unbewusste Gruppenprozesse zu sensibilisieren
Inhalte und Zielsetzung	Kurze Gruppenübung zum gemeinsamen Balancieren eines Stabes, Verdeutlichen der Bedeutung von Führung, von Koordination, Kommunikation und individuellen Beiträgen zur Teamleistung
Teilnehmer	6–14 Teilnehmer, je nach Größe der Gruppe variiert die Länge des Stabes
Dauer	ca. 20–30 Minuten
Vorgehen	*Situation*: Die Teilnehmer stehen sich in zwei Reihen, Schulter an Schulter, versetzt gegenüber. Sie strecken bei angewinkelten Armen beide Zeigefinger so nach vorn, dass diese eine einheitliche gerade Linie mit den Fingern der anderen Reihe bilden (Reißverschlussprinzip). Der Stab wird auf die Finger gelegt. *Instruktion*: „Ihre Aufgabe ist es, den Stab gemeinsam auf dem Boden abzulegen, ohne dass ein Teammitglied den Kontakt zum Stab verliert. Es müssen unbedingt alle Finger den Stab berühren, sonst muss in der Ausgangsstellung wieder neu begonnen werden." [Um den Kontakt zum Stab nicht zu verlieren, tendieren die Teilnehmer unbewusst dazu, ihre Zeigefinger nach oben zu drücken, wodurch sich der Stab nicht wie geplant nach unten, sondern nach oben bewegt; daher „Magic Stick".]
Auswertungs-fragen	– Wie schätzen Sie die Bewältigung der Übung als Team ein? Wie zufrieden sind Sie mit der Teamleistung? – Was hat gut geklappt? Was hat konkret zum Erfolg beigetragen? Wer genau hat dafür gesorgt? – Was hat den Erfolg behindert, was hat gefehlt? – Wie hätte das Ziel besser erreicht werden können? Was hätte konkret geholfen? Wer hätte dafür sorgen können? – Zum Thema Übernahme von Führungsrollen, je nach Verlauf: Wo und wie wurde Führung übernommen? Wie kam es dazu, dass diese Person(en) die Führungsrolle(n) übernommen hat/ haben bzw. niemand die Führung übernommen hat? – Wie ging die Gruppe mit den Themen Misserfolg und Motivation um? – Was haben Sie bei der Bewältigung der Übung über das Team und über sich gelernt? – Welche Bedeutung hat diese Übung für Ihren Führungsalltag?
Varianten	1. Bei größeren Gruppen kann die Übung durch eine Wettkampfsituation verstärkt werden, indem zwei Gruppen gegeneinander antreten. 2. Es wird vorab eine Person bestimmt, die die Führung übernimmt. Damit liegt der Fokus weniger auf der Entstehung von Führung als auf dem Führungsverhalten einer Person: Einbeziehung, Motivation, Delegationsfähigkeit.

Tabelle 19 (Fortsetzung):
Übung „Magic Stick"

Hilfsmittel	Dünner, langer Stab, der vor allem leicht ist (z. B. Bambus, Aluminium, Zollstock)
Besondere Hinweise	Auf die Einhaltung des Kontakts zum Stab achten und die Aufgabe neu beginnen lassen, wenn die Aufgabe nicht korrekt erfüllt wird. Je nachdem, wie eng und streng der Trainer die Regel auslegt (z. B. bleiben leichte, kurze Kontaktverluste ungeahndet), kann die Schwierigkeit variiert werden. Damit kann die Schwierigkeit an das Leistungsniveau angepasst werden. Die Gruppe kann auch durch Zwischenfeedback und gezielte Fragen durch den Trainer unterstützt werden: Worin liegt die Schwierigkeit? Was genau sind die Ursachen? Welche Lösungsmöglichkeiten gibt es? Welche sollen ausprobiert werden? Wissen alle, was jetzt zu tun ist?

4.2 Grundlagen der Führung: „Psycho-Logik der Führung"

Bei dieser Aufgabe tauschen sich die Teilnehmer über ihre Erfahrungen mit aktuellen oder früheren Führungskräften aus. Mithilfe dieses Austausches sollen die Prozesse und psychologischen Prinzipien der Führung und ihre Wirkung am Beispiel eigenen Führungserlebens bewusst gemacht werden. Dabei geht es vor allem um Motivation bzw. Demotivation sowie die jeweiligen Verhaltenskonsequenzen (Engagement bzw. Passivität). Deutlich wird die Bedeutung des Selbstwerts und wodurch der Selbstwert gesteigert bzw. gefährdet wird. Hierbei wird die Ebene allgemeiner und pauschaler Charakterisierungen verlassen und konkretes Führungsverhalten identifiziert. Die Motivation bei dieser Übung ist erfahrungsgemäß hoch, weil positive wie negative Erfahrungen nachträglich besser verstanden werden. Auch fällt es den Teilnehmern später leichter, an Verbesserungen im Bereich der eigenen Führung zu arbeiten, wenn sie sich zunächst aus der weniger „selbstwertbedrohlichen" Perspektive der Mitarbeiter mit dem Thema guter und schlechter Führung auseinandergesetzt haben.

Erfahrungen der Teilnehmer nutzen

Einsatzbereich	Einstieg in zentrale Themen der Führung: Motivation, Selbstwert, kritische Situationen; Erfahrungsaustausch
Inhalte und Zielsetzung	Erste gedankliche Auseinandersetzung mit motivierendem und demotivierendem Führungsverhalten, „Abholen" der Teilnehmer bei ihren eigenen Erfahrungen, Erwartungsabfrage (Wie soll Führung sein, wie nicht?)

Tabelle 20 (Fortsetzung):
Übung „Psycho-Logik der Führung"

Teilnehmer	4–24 Teilnehmer
Dauer	ca. 50–60 Minuten
Vorgehen	*Situation:* Die Teilnehmer werden in Kleingruppen aufgeteilt und erhalten jeweils eine Aufgabe, für die sie 30 Minuten Zeit haben. *Instruktion:* – Gruppe 1: „Erinnern Sie sich an Beispiele *herausragender* Führung, die Sie selbst erlebt haben. Beantworten Sie folgende Fragen zu diesen Beispielen und tragen Sie die Antworten in die entsprechende Spalte ein. 1. Spalte: Was hat die Führungskraft konkret getan?, 2. Spalte: Was war die Konsequenz bei mir oder bei den Mitarbeitern?, 3. Spalte: Was ist die psychologische Erklärung für diese Wirkung?" – Gruppe 2: „Erinnern Sie sich an Beispiele *negativer* Führung, die Sie selbst erlebt haben. Beantworten Sie folgende Fragen zu diesen Beispielen und tragen Sie die Antworten in die entsprechende Spalte ein. 1. Spalte: Was hat die Führungskraft konkret getan? 2. Spalte: Was war die Konsequenz bei mir oder bei den Mitarbeitern? 3. Spalte: Was ist die psychologische Erklärung für diese Wirkung?"
Auswertung	Beide Gruppen präsentieren ihre Ergebnisse im Plenum. Nachfragen sind erlaubt und erwünscht, um Begriffe und psychologische Prinzipien zu präzisieren. Bei dieser Gelegenheit führt der Trainer wichtige Begriffe ein bzw. definiert diese. Zum Abschluss der Diskussion werden übergreifende psychologische Prinzipien der Führung festgehalten und für alle sichtbar im Raum platziert. Diese dienen als Grundlage für die Weiterarbeit.
Hilfsmittel	Moderationskarten, Flipchart oder Metaplan
Besondere Hinweise	Den Teilnehmern fällt es zu Beginn manchmal schwer, konkrete Verhaltensbeispiele zu benennen. Stattdessen werden abstrakte Charakterisierungen angeboten („war irgendwie motivierend"). Hier ist ggf. entsprechende Unterstützung z. B. durch Beispiele oder Nachfragen („Was genau hat die Person gemacht/gesagt?") erforderlich. Die Besonderheit dieser Übung liegt darin, dass es zunächst oft leichter fällt, über die Beobachtung und das Erleben anderer Personen (Fremdsicht) zu sprechen und dann auf die eigene Person und eigene Stärken und Schwächen überzuleiten.

4.3 Grundlagen der Führung: „Führen und geführt werden"

In manchen Führungsleitlinien wird sinngemäß gefordert, dass Führungskräfte so führen sollen, wie sie selber geführt werden wollen. Entsprechend sollen sie von ihren Mitarbeitern nichts fordern, was sie auch selber nicht zu tun bereit wären. Was angemessen ist, was von dem jeweils anderen erwartet wird, hängt stark von der Perspektive ab, die die augenblickliche Rolle als

Führender bzw. als Geführter gerade vorgibt. Obwohl sich die meisten Führungskräfte in einer „Sandwichposition" befinden, d. h. gleichzeitig Führungskraft und Mitarbeiter sind, wird diese Doppelrolle selten reflektiert und die Erfahrung in dem einen Bereich nicht auf den anderen übertragen. Bei der Aufgabe „Führen und geführt werden" geht es darum, unmittelbar nacheinander beide Rollen einzunehmen und sich durch Selbsterfahrung mit beiden Perspektiven im Führungsprozess auseinanderzusetzen. Dabei haben die Teilnehmer die Möglichkeit, sich der eigenen Erwartungen, Ansprüche, Werte, Emotionen und Verhaltensmuster, die sie selber mit den jeweiligen Rollen verbinden, bewusst zu werden. Dadurch können sie ihr Verständnis für die jeweils andere Rolle verbessern und ggf. Handlungsalternativen entwickeln. Da die Auswertung und Reflexion auf einer unmittelbaren gemeinsamen Übungserfahrung basieren, werden die Teilnehmer mit ihrem tatsächlichen Verhalten und dessen Wirkung auf andere konfrontiert.

Durch Rollentausch Perspektivübernahme ermöglichen

Tabelle 21:

Übung „Führen und geführt werden"

Einsatzbereich	Einstieg in zentrale Themen der Führung: Eigene Rolle als Führungskraft, Selbsterfahrung, Prozesse gegenseitiger Einflussnahme, nonverbale Kommunikation, Motivation
Inhalte und Zielsetzung	Auseinandersetzung mit dem eigenen Führungsverständnis und Führungsstil, „Abholen" der Teilnehmer bei ihren eigenen Erfahrungen, unmittelbares Feedback
Teilnehmer	4–24 Teilnehmer, in 2er-Gruppen
Dauer	ca. 50–60 Minuten
Vorgehen	*Situation:* Die Übung findet draußen statt. Geeignet ist ein Gelände, auf dem sich die Teilnehmer möglichst ungestört und unbeobachtet bewegen können (z. B. Park, Wald etc.). Die Teilnehmer werden in 2er-Gruppen aufgeteilt. *Instruktion:* Stellen Sie sich bitte vor, dass Sie mit einem Schiff unterwegs sind, das eine gefährliche Ladung transportiert. Leider ist Ihr Schiff gerade untergegangen. Zum Glück konnten sich alle retten und zu einer nahegelegenen Insel schwimmen. Allerding müssen sie feststellen, dass beim Untergang durch die gefährliche Ladung Dämpfe frei geworden sind, Sie können nicht mehr hören und sehen und auch nicht mehr sprechen. Keine Sorge, das wird sich wieder geben. Das wird aber einige Wochen dauern. Sie befinden sich also taub und blind und ohne sprechen zu können auf einer unbekannten Insel. Zum Glück leben dort freundliche Menschen, die Ihnen helfen, sich in der neuen Situation zurechtzufinden. In 2er-Gruppen wird jetzt jeweils ein Partner die Rolle des Schiffbrüchigen und der jeweils andere die Rolle des einheimischen Inselbewohners übernehmen. Seine Aufgabe ist es, den blinden Partner zu führen. Ziel ist es, zum einen für Sicherheit zu sorgen – es darf z. B. niemand stürzen oder sich anderweitig verletzen – und zum anderen dafür zu sorgen, dass der blinde Partner sich möglichst gut in der neuen Situation zurecht findet und sich trotz der

Tabelle 21 (Fortsetzung):
Übung „Führen und geführt werden"

	misslichen Situation wohlfühlt und eine interessante Erfahrung macht. Überlegen Sie als Führender bitte kurz, wie Sie diese Ziele am besten erreichen. Sie können dafür das ganze Gelände nutzen. Die wichtigsten Regeln sind, dass während der Übung nicht gesprochen wird (der Partner ist ja taub) und dass der Geführte die Augen schließt und die ganze Zeit geschlossen hält. Nach 15 Minuten wechseln beide Partner die Rollen. Bitte verständigen Sie sich kurz, wer als erster welche Rolle übernimmt. Der Geführte schließt nun bitte die Augen und gewöhnt sich schon mal an die Situation und der Führende überlegt jetzt, wie er seine Aufgabe wahrnehmen will. Auf mein Startzeichen beginnen Sie bitte.
Auswertung	Die Auswertung erfolgt zunächst in den 2er-Gruppen, danach im Plenum. Zur Vorbereitung notiert zunächst jeder für sich seine Erfahrungen und Erlebnisse in beiden Rollen anhand folgender Fragen: a) aus Sicht des Führenden: Was war mein Ziel, was ist mir gut gelungen und wo habe ich mich sicher gefühlt? Was war schwierig, wo habe ich Unsicherheit verspürt? b) aus Sicht des Geführten: Womit war ich zufrieden und was hat mir geholfen? Was hätte ich mir mehr oder anders gewünscht? Abschließend werden die Ergebnisse unter der Leitfrage „Wie können Führender und Geführter dazu beitragen, dass der Führungsprozess erfolgreich ist?" im Plenum vorgestellt und diskutiert. Zentrale Themen sind: Entwicklung von Vertrauen, unterschiedliche Bedürfnisse erkennen, eigene Ziele der Führung, eigene Werte, für Kommunikation sorgen (klare Signale und eindeutiges Feedback), Empathie, Orientierung geben und Sicherheit vermitteln, Selbstständigkeit fördern, eigenen Gestaltungsspielraum erkennen und nutzen etc. Abschließend reflektieren die Teilnehmer zu der Frage, was sie über sich selbst in der Rolle des Geführten und in der Rolle des Führenden gelernt haben.
Hilfsmittel	Moderationskarten und Flipchart, ggf. Kamera
Besondere Hinweise	Den Teilnehmern fällt es zu Beginn der Übung manchmal schwer, sich auf die Übung einzulassen. Man kann dies zu Beginn ansprechen und darauf hinweisen, dass das normal ist und sich in der Regel nach einigen Minuten alle an die neue Situation gewöhnt haben. Unbedingt sollte darauf geachtet werden, dass das „Sprechverbot" eingehalten wird und nicht vor Ablauf der 15 Minuten abgebrochen wird. Eine Video-Auswertung kann den Teilnehmern helfen, die unterschiedlichen Vorgehensweisen bei der Bewältigung der Führungsaufgabe besser zu erkennen.

4.4 Fallstudie „Selbstmanagement"

Bei dieser Übung geht es um persönliche Arbeitstechniken von Führungskräften und typische Probleme dabei. Anhand des konkreten Fallbeispiels „Filialleiter Michel" lernen die Trainingsteilnehmer, Selbstmanagement-Techniken, deren Vor- und Nachteile und mögliche Optimierungsmöglichkeiten zu erkennen. Das Besondere bei dieser Übung ist, dass man sich zunächst mit einer anderen Führungskraft auseinandersetzt, um danach die eigenen Selbstmanagement-Techniken kritisch zu reflektieren.

Fallstudie „Selbstmanagement"

Einsatzbereich	Erarbeitung von Selbstmanagement-Techniken
Inhalte und Zielsetzung	Anhand eines realistischen Falles (negatives Modell) werden Selbstmanagement-Techniken (Zeitmanagement, Planung, Koordination) analysiert und bewertet sowie Lösungen zur Optimierung erarbeitet, anschließend wird das eigene Zeitmanagement analysiert.
Teilnehmer	1–30 Teilnehmer, je größer die Gruppe, desto eher bietet sich Kleingruppenarbeit an
Dauer	ca. 30 Minuten
Vorgehen	*Situation*: Die Teilnehmer erhalten folgende Fallbeschreibung: Herr Michel ist 35 Jahre alt, verheiratet und hat zwei Kinder. Er ist seit zwei Jahren Filialleiter eines großen Elektronikfachhandels. Er ist für 40 Mitarbeiter unterschiedlicher Qualifikation verantwortlich, darunter drei Teamassistenten, deren Aktivitäten er koordiniert. Er steht in ständigem Kontakt zu verschiedenen Abteilungen der Zentrale: Einkauf, Marketing, Controlling. Da im Verkauf häufig wechselnde Zeitarbeitnehmer eingesetzt werden, muss er sich auch immer wieder um Personalangelegenheiten kümmern. Sein Gebietsleiter und sein Verkaufsleiter sind häufig in der Filiale und haben teils unterschiedliche Vorstellungen (z. B. zur Gestaltung der Verkaufsfläche), die er unter einen Hut bekommen muss. In letzter Zeit hat Herr Michel immer häufiger das Gefühl, seine Arbeit nicht mehr zu schaffen. Er und sein Personal halten immer öfter Termine nicht ein, es kommt zu Verzögerungen bei Umbauten der Ladenfläche sowie bei der Warenannahme. Mit dem Einräumen der Ware kommt das Team oft nicht hinterher und Kunden beschweren sich zunehmend über mit Ware blockierte Gänge und Lücken im Sortiment. Herr Michel packt immer häufiger selbst mit an und opfert so manchen freien Tag, um die Verzögerungen aufzuholen. Er wird aber immer wieder durch Anrufe aus der Zentrale, von Speditionen oder seinen Vorgesetzten unterbrochen, wobei viele dieser Anrufe ebenso gut seine Mitarbeiter erledigen könnten. Auch wenn die vielen Telefonate anstrengend sind – und auch an seinem freien Tag bei ihm eintreffen – ist er so doch immer auf dem Laufenden und hat dadurch auch schon so manches Versäumnis seiner Mitarbeiter ausräumen können. Diese Erfahrungen bestätigen auch sein Gefühl, dass manche seiner Mitarbeiter ihre Arbeit nicht so gründlich und gewissenhaft ausführen wie er es tun würde. Deshalb prüft er das Vorgehen und die Leistung seiner Mitarbeiter genau nach. Viele Aufgaben beginnt Herr Michel zwischendurch und kommt dann nicht mehr dazu, sie zu beenden. Deshalb macht er fast immer Überstunden, aber hat das Gefühl, trotzdem nicht mehr zu schaffen. Die Woche vergeht wie im Flug und er schafft seinen „Papierkram" wieder nicht, z. B. die Umsatzzahlen zu analysieren. Das macht er nun fast immer sonntags zu Hause. Auch seine E-Mails beantwortet er fast nur noch von zu Hause. Seine Frau hat ihm deshalb schon öfter Vorwürfe gemacht, er habe gar keine Zeit für sie und die Kinder. Und beim Fußballtraining hat er sich

Tabelle 22 (Fortsetzung):

Fallstudie „Selbstmanagement"

	schon ewig nicht mehr blicken lassen. Aber auch auf der Arbeit bekommt er zunehmend Druck. Sein Verkaufsleiter kritisierte in letzter Zeit mehrfach die langsame Umsetzung der Rabattaktionen, sein Gebietsleiter beklagt, die Umsatzzahlen nicht pünktlich auf dem Tisch zu haben. Und seine Mitarbeiter meinten bei der letzten Besprechung, er habe kaum noch Zeit und schiebe ihre Anliegen ständig nach hinten. *Instruktion:* Analysieren Sie den Fall von Herrn Michel und beantworten Sie folgende Fragen: 1. Welche Schwierigkeiten in der Arbeitsgestaltung sehen Sie bei Herrn Michel? Wie beurteilen Sie seine Planung und Prioritätensetzung? 2. Warum könnte sich die Situation so entwickelt haben, wie sie jetzt ist? Welche Ursachen und Funktionen könnte sein Verhalten haben? 3. Wie könnte Herr Michel seine Arbeitsgestaltung optimieren? Welche Verbesserungsvorschläge hätten Sie für ihn? Analysieren Sie im zweiten Schritt Ihre eigene Arbeitsgestaltung anhand der folgenden Fragen: 1. Welche Schwierigkeiten beobachten Sie bei Ihrer eigenen Arbeitsplanung und -gestaltung? 2. Warum könnten diese Schwierigkeiten auftreten? Welche Ursachen könnten sie haben? 3. Was können Sie tun, um diese Schwierigkeiten zu minimieren und Ihre Arbeitsgestaltung zu optimieren? Was können Sie in Ihrem Arbeitsbereich tun, um die Planung zu verbessern?
Auswertung	Die Teilnehmer präsentieren ihre Ergebnisse im Plenum und diskutieren sie. Vorgeschlagene Optimierungsstrategien werden auf ihre Durchführbarkeit geprüft und mögliche Probleme bei der Umsetzung identifiziert.
Hilfsmittel	Fallbeschreibung, Flipchart oder Metaplan
Besondere Hinweise	Auch bei dieser Übung liegt die Besonderheit darin, zunächst den Fall einer anderen Führungskraft als negatives Modell zu analysieren (Fremdsicht), um sich dann kritisch den eigenen Arbeitsverhaltensweisen und Arbeitseinstellungen zu widmen und diese auf ihre Effizienz zu überprüfen (Selbstsicht). Als Trainer ist darauf zu achten, dass möglichst konkrete Beispiele für positive und negative Arbeitsweisen geschildert werden, damit entsprechend klare und gezielte Maßnahmen zur Optimierung entwickelt werden.

4.5 Rollenspiel „Stark angefangen – stark nachgelassen"

Mitarbeitergespräche (z. B. Zielvereinbarungsgespräch, Beurteilungsgespräch) bereiten Führungskräften immer wieder Schwierigkeiten, insbesondere wenn sie Konfliktpotenzial enthalten (z. B. unterschiedliche Zielvorstellungen, negative Beurteilung, Kritik). Daher ist es wichtig, neben der

Vermittlung von Grundlagen der Kommunikation, gerade solche eher schwierigen Mitarbeitergespräche zunächst in geschütztem Raum zu üben. Das folgende Rollenspiel (in Anlehnung an von Rosenstiel, 2001, S. 104) beinhaltet entsprechendes Konfliktpotenzial. Hier ist das „Fingerspitzengefühl" der Führungskraft gefragt, um dies zu erkennen, auf die Mitarbeiterin einzugehen und zu einer gemeinsamen Problemlösung zu gelangen.

Durch Rollenspiele Identifikation erleichtern

Tabelle 23:

Rollenspiel „Stark angefangen – stark nachgelassen"

Einsatzbereich	Üben und Veranschaulichen sozialer Kompetenzen (aktives Zuhören, Empathie, etc.) in einer Gesprächssituation
Inhalte und Zielsetzung	Umsetzen eines Gesprächsleitfadens in einer konkreten Situation mit Konfliktpotenzial, im geschützten Raum üben, Perspektiven wechseln, Handlungsalternativen kennenlernen
Teilnehmer	2 Akteure: Ein Akteur übernimmt die Rolle der Führungskraft, der andere die Rolle der Mitarbeiterin, die übrigen Teilnehmer beobachten
Dauer	ca. 20–40 Minuten
Vorgehen	*Situation:* Stellen Sie sich vor: Sie sind Personalleiter eines größeren Industrieunternehmens. In Kürze kommt eine Mitarbeiterin zu Ihnen zum Gespräch, die seit einem Jahr bei Ihnen beschäftigt ist. *Instruktion:* Leider sind Sie mit den aktuellen Leistungen der Mitarbeiterin nicht mehr zufrieden und wollen darüber ein Gespräch führen. Ihnen liegen einige Hinweise vor, mit denen Sie sich nun 10 Minuten auf das kommende Gespräch mit Ihrer Mitarbeiterin vorbereiten können: Die Mitarbeiterin ist direkt nach dem Studium in Ihr Unternehmen gekommen. Im Bewerbungsgespräch imponierte sie Ihnen durch ihre kreative und offene Art. Sie erhofften sich von ihr neuen Schwung und neue Ideen für Ihr Aus- und Weiterbildungskonzept. An ihre Aufgabe, zwei neue Trainingskonzepte zu entwickeln, ging sie mit großer Motivation und Engagement heran. Sie besorgte sich Literatur und Material, welches sie auch nach der Arbeit intensiv durcharbeitete. Sie nahm selbstständig Kontakt mit Trainern bzw. Personalreferenten aus anderen Unternehmen auf, um sich über Trainingskonzepte auszutauschen. Auch für die Trainings- und Seminarkonzepte der anderen Mitarbeiter interessierte sie sich sehr. Sie machte ihnen sogar eine Reihe von Verbesserungsvorschlägen. In letzter Zeit lief es aber mit ihren eigenen Projekten schleppend. Sie hatte zwar viele Konzepte und Entwürfe vorgelegt, aber jedes ihrer Projekte stieß in Teamsitzungen auf Einwände und wenig Akzeptanz. Seit einigen Wochen scheint die Mitarbeiterin ihren Elan verloren zu haben und meldet sich kaum noch zu Wort. *Zusätzliche Instruktion für die Mitarbeiterin* (Was die Führungskraft nicht weiß!): Die Mitarbeiterin hatte sich den Unmut der Kollegen zugezogen, nachdem sie deren Seminarinhalte und -methoden kritisiert hatte. Ihre Kollegen sagten ihr durch die Blume, dass ihre Vorschläge nicht umsetzbar seien. Das wollte sie nicht auf sich sitzen lassen und es kam zu einer hitzigen Auseinandersetzung unter den Kollegen. Sie warf den Kollegen vor, ihre Vorschläge nicht umsetzen zu wollen, weil

	sie zusätzliche Arbeit bedeuteten, sie aber nur noch „Dienst nach Vorschrift" machen würden. Die Kollegen legten ihr nahe, sich als „Anfängerin" um ihre eigenen Sachen zu kümmern und erst einmal genug Erfahrungen zu sammeln, um mitreden zu können. Die Mitarbeiterin wurde danach in Teamsitzungen von den anderen immer wieder kritisiert. Dadurch eingeschüchtert, zog sie sich immer mehr zurück. Ihrem Vorgesetzten wollte sie sich als Neue im Team damit nicht anvertrauen, um nicht auch noch als „nicht teamfähig" zu gelten.
Auswertungsfragen	– Die Akteure werden einzeln gefragt: Wie haben Sie sich in Ihrer Rolle gefühlt? Wie erfolgreich war das Gespräch aus Ihrer Sicht? Was hat gut geklappt, was hätte besser laufen können? – Die übrigen Teilnehmer: Wie haben Sie die Szene beobachtet? Was hat gut geklappt, was hätte besser laufen können? – An alle: Wie hat sich die allgemeine Atmosphäre während des Gesprächs verändert? Welche möglichen Lösungen wurden übersehen? Welche Aktionen waren förderlich zur Klärung des Problems, welche hinderlich?
Varianten	Eine zweite Spielphase kann Gelegenheit geben, die Anregungen aus dem Feedback im erneuten Versuch umzusetzen. Beim zweiten Durchlauf können auch die Rollen getauscht werden.
Hilfsmittel	Instruktionen, ggf. Videokamera für Videofeedback
Besondere Hinweise	Das besondere Lernpotenzial dieser Übung ist, dass das Verhalten der Führungskraft (soziale Kompetenz) entscheidet, ob sich die Mitarbeiterin öffnet und über ihre tatsächlichen Probleme berichtet. Dies ist entscheidend für den Ausgang des Gesprächs.

4.6 Rollenspiel „Risiko im Vertrieb"

Das Rollenspiel „Auffälliger Mitarbeiter" beinhaltet ebenfalls eine schwierige Gesprächssituation, da die Führungskraft Veränderungen bei dem Mitarbeiter bemerkt, die sie zunächst nicht einordnen kann. Auch hier ist das Fingerspitzengefühl der Führungskraft gefragt, um zu erreichen, dass der Mitarbeiter seine Probleme offen äußert und beide gemeinsam das Problem lösen können.

Tabelle 24:
Rollenspiel „Risiko im Vertrieb"

Einsatzbereich	Üben und Veranschaulichen sozialer Kompetenzen (aktives Zuhören, Empathie, Ansprechen von Kritik etc.) in schwierigen Gesprächssituationen
Inhalte und Zielsetzung	Umgang mit potenziellen Konfliktsituationen im geschützten Raum üben, Perspektiven wechseln und Handlungsalternativen kennenlernen

Tabelle 24 (Fortsetzung):
Rollenspiel „Risiko im Vertrieb"

Teilnehmer	2 Akteure: Ein Akteur übernimmt die Rolle der Führungskraft, der andere die Rolle des Mitarbeiters, die übrigen Teilnehmer beobachten
Dauer	ca. 20–40 Minuten
Vorgehen	*Situation:* Stellen Sie sich vor: Sie sind Geschäftsstellenleiter einer großen Versicherungsgesellschaft. In Kürze kommt ein Mitarbeiter zu Ihnen zur wöchentlichen Routinebesprechung. Wie zu Beginn jeder Woche wollen Sie gemeinsam mit ihm besprechen, was in dieser Woche anliegt.
	Instruktion: Ihnen liegen einige Unterlagen vor, mit denen Sie sich nun 10 Minuten auf das kommende Gespräch mit Ihrem Mitarbeiter vorbereiten können: Der Mitarbeiter ist seit knapp einem Jahr bei Ihnen als Vertriebsmitarbeiter beschäftigt und erledigt seine Aufgaben weitgehend selbstständig. In letzter Zeit wirkte er etwas nervös und angespannt auf Sie, die Ursache dafür kennen Sie jedoch nicht. In den letzten Wochen hat er Sie öfter um Rat gebeten, wie er mit bestimmten Kunden höhere Provisionen erzielen kann. Das hat Sie verwundert, weil er eigentlich über die erforderlichen Kompetenzen und Erfahrungen verfügt. Sie hatten außerdem den Eindruck, dass in diesen Fällen das Stornierungsrisiko recht hoch ist. Ein Risiko, das ein erfahrener Verkäufer eigentlich vermeidet.
	Zusätzliche Instruktion für den Mitarbeiter (Was die Führungskraft nicht weiß!): Der Mitarbeiter hat finanzielle Probleme und gerät immer mehr unter Druck, Versicherungen mit hoher Provision abzuschließen, um seinen Lebensstandard zu finanzieren. Die Situation ist ihm peinlich und es fällt ihm schwer, offen darüber zu reden, daher möchte er von seinem Vorgesetzten lediglich einen Rat, wie er das anstehende schwierige Verkaufsgespräch meistern kann. Insgeheim überlegt er bereits, ob er sich nicht einen anderen Job suchen sollte.
Auswertungsfragen	– Die Akteure werden einzeln gefragt: Wie haben Sie sich in Ihrer Rolle gefühlt? Wie erfolgreich war das Gespräch aus Ihrer Sicht? Was hat gut geklappt, was hätte besser laufen können? – Die übrigen Teilnehmer: Wie haben Sie die Szene beobachtet? Hatten Sie den Eindruck, dass die Führungskraft auf den Mitarbeiter eingegangen ist? – An alle: Wie hat sich die allgemeine Atmosphäre während der Szene verändert? Welche möglichen Lösungen wurden übersehen? Welche Aktionen waren förderlich zur Klärung des Problems, welche hinderlich?
Varianten	Eine zweite Spielphase kann Gelegenheit geben, die Anregungen aus dem Feedback im erneuten Versuch umzusetzen. Beim zweiten Durchlauf können auch die Rollen getauscht werden.
Hilfsmittel	Instruktionen, ggf. Videokamera für Videofeedback
Besondere Hinweise	Das besondere Lernpotenzial dieser Übung ist, dass das Verhalten der Führungskraft (soziale Kompetenz) entscheidet, ob sich der Mitarbeiter öffnet und über seine tatsächlichen Probleme berichtet, um gemeinsam mit dem Vorgesetzten eine Lösung zu finden.

4.7 Outdoor-Übung „Spinne"

Bei dieser Übung hat ein Team die Aufgabe, ein Hindernis in Form eines Spinnennetzes zu überwinden. Die Herausforderung besteht darin, dass das Netz nicht berührt werden darf und das Team das Ziel nur gemeinsam erreichen kann. In der Regel erscheint die Aufgabe anfangs einigen einfach und klar, anderen unmöglich. Die Durchführung birgt tatsächlich einige Schwierigkeiten. Fehlversuche sind sehr wahrscheinlich und zeigen, dass die Bewältigung nur mit systematischer Planung und Koordination sowie guter Kommunikation gelingt. Außerdem ist es wichtig, dass alle aufmerksam und engagiert mitwirken. Auch wenn die Führung nicht nur von einer einzelnen, sondern von mehreren Personen wahrgenommen werden kann, ist sie für die Koordination und Motivation von großer Bedeutung.

Motivation durch Aktion

Tabelle 25:
Outdoor-Übung „Spinne"

Einsatzbereich	Outdoor-Kooperationsübung zur Veranschaulichung sozialer Kompetenz (Teamfähigkeit, Planung, Koordination, Führung)
Inhalte und Zielsetzung	Gemeinsame Bewältigung einer Aufgabe, Bedeutung von Führung, Koordination, Kommunikation und Umgang mit individuellen Unterschieden im Team
Teilnehmer	10–15 Teilnehmer, je nach Größe der Gruppe variiert die Anzahl der Netzöffnungen
Dauer	ca. 1,5 Stunden (inkl. je 30 Minuten Durchführung und Auswertung)
Vorgehen	*Aufbau:* Zwischen zwei Bäumen werden drei Seile straff gespannt und fest verknotet. Das untere Seil befindet sich dabei in einer Höhe von etwa 70–80 cm. Der Abstand zwischen den Seilen beträgt etwa 50–60 cm. Senkrecht werden dünnere Seile gespannt, sodass ein Netz entsteht. Die Waben können unterschiedlich groß sein (unterschiedlicher Schwierigkeitsgrad). *Situation:* Die Teilnehmer befinden sich auf einer Expedition oder Exkursion und treffen auf ein riesiges Spinnennetz, welches sie passieren müssen. *Instruktion:* Ihre Aufgabe ist es, dass alle Mitglieder des Teams von der einen Seite des Spinnennetzes auf die andere Seite gelangen. Dabei darf jede Wabe nur einmal benutzt werden. Berühren der Seile ist strengstens verboten. Berührt ein Teammitglied das Netz, muss die Hälfte der Gruppe, die das Netz bereits passiert hat, wieder zurück. Sie haben eine halbe Stunde Zeit, das Netz zu passieren, ohne dass die Spinne auf sie aufmerksam wird.
Auswertungsfragen	– Wie schätzen Sie Ihre Bewältigung der Übung als Team ein? Wie zufrieden sind Sie mit der Teamleistung? – Wie haben Sie als Teammitglied zum Ergebnis beigetragen? Was hat das Team erfolgreich gemacht? – Wie beurteilen Sie die Kommunikation des Teams während der Planung des Vorgehens? Haben sich alle daran beteiligt?

Tabelle 25 (Fortsetzung):
Outdoor-Übung „Spinne"

	– Wie sind Sie mit Schwierigkeiten oder Misserfolgen (Netzberührung) umgegangen? – Wo und wie wurde Führung übernommen? Wie kam es dazu, dass diese Person(en) die Führungsrolle(n) übernommen hat/haben bzw. niemand die Führung übernommen hat? Wie wurde die Führung von den übrigen Teilnehmern angenommen? – Was haben Sie bei der Bewältigung der Übung über das Team, über sich gelernt? – Was sagt Ihnen diese Übung für Ihren Führungsalltag?
Varianten	1. Das Sprechen während der Übung wird nicht erlaubt. 2. Die Schwierigkeit wird erhöht durch körperliche Einschränkungen einzelner Teilnehmer (ein Teilnehmer ist blind, ein anderer darf nicht sprechen). 3. Der Trainer blockiert während der Übung eine oder zwei Öffnungen, um so Frustrationstoleranz, Flexibilität und Kreativität der Gruppe zu testen. 4. Es wird eine Person als Führungskraft bestimmt.
Hilfsmittel	2 Bäume (Abstand mind. 7 m), Seile zum Spannen des Netzes
Besondere Hinweise	Bei dieser Übung ist es wichtig, als Trainer die körperliche Fitness der Teilnehmer einzuschätzen und den Schwierigkeitsgrad so anzupassen, dass die Übung schwierig und herausfordernd, aber nicht unlösbar ist. Beim Scheitern der Übung kann es sinnvoll sein, nach einer Zwischenreflexion (Wie ist es dazu gekommen? Was müssen Sie anders machen, um die Aufgabe lösen zu können?) die Übung wiederholen zu lassen, um der Gruppe ein Erfolgserlebnis zu ermöglichen.

4.8 Seminarabschluss: „Zukunftsinterview"

Gegen Ende des Trainings oder Seminars sitzen die Teilnehmer „auf gepackten Koffern" und fangen bereits an, darüber nachzudenken, was sie am nächsten Arbeitstag erwartet. Diese Orientierung „nach draußen" kann gut genutzt werden, um die Umsetzung des Gelernten in die eigene Praxis zu thematisieren. Das „Zukunftsinterview" (in Anlehnung an Besser, 2001) lässt die Teilnehmer darüber nachdenken, wie ihr Führungsalltag ein paar Wochen nach dem Training aussehen wird.

Tabelle 26:
Übung „Zukunftsinterview"

Einsatzbereich	Zum Abschluss des Seminars und zur Unterstützung des Transfers in den Führungsalltag
Inhalte und Zielsetzung	Vorwegnahme und Erzeugen einer Vorstellung von der Umsetzung des Gelernten, Aufbau von Transfermotivation

Tabelle 26 (Fortsetzung):
Übung „Zukunftsinterview"

Teilnehmer	2–30 Teilnehmer
Dauer	30 Minuten
Vorgehen	*Situation:* Die Teilnehmenden finden sich paarweise zusammen und befragen sich gegenseitig. Abschließend werden die Erfahrungen im Plenum diskutiert. *Instruktion:* „Stellen Sie sich vor, Sie treffen Ihren Interviewpartner ein paar Monate nach unserem Training wieder und befragen ihn/sie darüber, was seitdem passiert ist. Nach 10 Minuten tauschen Sie die Rollen."
Interview-fragen	– Wenn Sie heute auf das Training zurückschauen, was ist seitdem alles geschehen? – Was konnten Sie von den Trainingsinhalten in Ihrer Führungspraxis umsetzen? Was hat sich dadurch verändert? – Welche Erfolge konnten Sie verzeichnen? – Welche Probleme sind aufgetaucht? Wie haben Sie diese gelöst? – Welche Lösungsansätze haben Sie entdeckt, die im Training nicht besprochen wurden? – Wie reagierten Ihre Kollegen/Ihr Vorgesetzter/Ihre Mitarbeiter auf die Veränderungen? – Wie haben sich Ihre Gefühle und Gedanken zur Arbeit verändert? – Was würden Sie aus Ihren Erfahrungen heraus heute bei der Umsetzung der Trainingsinhalte anders machen? – Welche Bilanz ziehen Sie aus heutiger Sicht über das Training? – Welchen Rat würden Sie den anderen Teilnehmern geben?
Varianten	Die eigenen Transfervorstellungen können noch verbindlicher gemacht werden, indem jeder Teilnehmer kurz schriftlich festhält, was er/sie in einigen Monaten erreicht haben wird. Dies wird dem Trainer in einem Briefumschlag überreicht, der nach ca. einem halben Jahr jedem Teilnehmer „seinen" Brief zusendet.
Hilfsmittel	Interviewfragen, Metaplan
Besondere Hinweise	Diese Übung unterstützt die Teilnehmer nicht nur dabei, sich eine Vorstellung vom Transfer zu machen, sondern gibt gleichzeitig auch dem Trainer ein Feedback, wie das Training von den Teilnehmern bewertet wird und welche Transferschwierigkeiten ggf. noch abschließend thematisiert werden können.

5 Fallbeispiele

Im Folgenden werden exemplarisch drei Trainingskonzepte aus der Praxis mit jeweils unterschiedlichen Ausrichtungen bzw. Schwerpunkten vorgestellt. Während in Kapitel 3 verschiedene Trainingsmethoden und in Kapitel 4 konkrete Übungen dargestellt wurden, stehen in diesen Fallbeispielen die inhaltlichen Schwerpunkte im Vordergrund. Dabei werden die Trainingsinhalte und deren Umsetzung jeweils kurz erläutert.

Bei dem ersten Konzept handelt es sich um eine berufsbegleitende zweijährige Führungsausbildung. Beim zweiten Beispiel geht es speziell um das Training transformationaler Führung und das dritte zielt auf die Vermittlung gesundheitsförderlicher Führung. Die bereits besprochenen Methoden finden in diesen Konzepten Verwendung. Das gleiche gilt für die Evaluationsansätze (Abschnitt 5.2 und 5.5).

5.1 Generalist gefragt – Beispiel einer ganzheitlichen Führungsausbildung

Ein Beispiel für ein ganzheitliches, berufsbegleitendes Führungsausbildungsprogramm bietet die Schweizerische Vereinigung für Führungsausbildung (SVF) an. Ziel dieser „Generalistenausbildung" ist es, allgemeine Führungskompetenzen zu vermitteln, die für die personale und fachliche Führung von Arbeitsgruppen in jeder Branche erforderlich sind. Die Ausbildung zum/r Führungsfachmann/-frau ist modular aufgebaut und dauert als nebenberufliche Ausbildung ca. zwei Jahre. Erste Führungserfahrungen werden vorausgesetzt. Die Module lassen sich den zwei Bereichen *Leadership* und *Management* zuordnen (Tabelle 27). Die Leadership-Module befassen sich mit der Reflexion und Entwicklung der eigenen Führungsrolle und des Führungsverhaltens in Interaktionen. In den Management-Modulen geht es um die betriebswirtschaftlichen und juristischen Grundlagen der Personalführung.

> Leadership und Management ausbilden

Tabelle 27:
Inhalte der Ausbildung zum/r Führungsfachmann/-frau

Leadership-Module	Management-Module
– Selbstkenntnis – Selbstmanagement – Ein Team führen – Mit dem Team kommunizieren, das Team informieren – Im Team vorhandene Konflikte bewältigen	– Grundzüge der Betriebswirtschaft – Rechnungswesen – Personalwesen (HRM) – Teamorganisation – Projektmanagement – Recht

Zum Beispiel zielt das Modul „*Selbstkenntnis*" darauf ab, die Reflexions-kompetenz der Teilnehmer zu schärfen. Die Führungskräfte lernen sich selbst besser kennen, indem sie ihre Führungserfahrungen bzw. Erfahrun-gen, die sie als Geführte gemacht haben, kritisch reflektieren. Dahinter steht die Frage, wie man selbst geführt werden möchte. Darüber hinaus machen sie sich ihre Motive, Einstellungen und Verhaltensweisen bewusst und kön-nen so ihre Stärken und Schwächen in der Führung, aber auch die Grenzen ihrer Belastbarkeit besser einschätzen.

Selbstkenntnis als zentrales Modul

Die Auseinandersetzung mit dem Selbstbild wird auch durch die Konfron-tation mit Fremdbildern gefördert (Feedback). Diese Fremdeinschätzungen stammen nicht nur von den Trainingsteilnehmern und Trainern, sondern werden auch im direkten Arbeitsumfeld eingeholt. In diesem Modul ist es ein weiteres Ziel, das Verantwortungsgefühl der Führungskräfte zu stärken. Dazu ist es wichtig, sich der eigenen Wirkung und Einflussmöglichkeiten und der Tragweite der eigenen Entscheidungen bewusst zu werden. Das Leadershipmodul „*Konflikte bewältigen*" soll die Teilnehmer befähigen, Konflikte in ihrer Arbeitsgruppe zu erkennen und zu entschärfen. Dazu set-zen sich die Führungskräfte mit den Merkmalen von Konfliktsituationen und gruppendynamischen Prozessen in Konflikten auseinander. Auf dieser Grundlage reflektieren sie ihr persönliches Konfliktverhalten (Was ist typi-scherweise meine Rolle?). Sie lernen, Konfliktsignale im Team bewusst wahrzunehmen, Ursachen zu erkennen und zu analysieren und Techniken der Konfliktbewältigung anzuwenden. Im Austausch mit den anderen Teil-nehmern analysieren sie verschiedene Konflikterfahrungen und Lösungs-ansätze.

Im Management-Modul „*Personalwesen (HRM)*" lernen die Führungskräfte Systeme und Instrumente des Personalmanagements kennen und wie sie diese in ihrem Führungsalltag und in ihrem Unternehmen einsetzen und (mit)gestalten können. Die Teilnehmer werden in diesem Modul befähigt, aus den Unternehmenszielen Handlungsschwerpunkte für das Personalma-nagement abzuleiten und die für deren Umsetzung notwendigen Aufgaben und Instrumente (z. B. Personalauswahl und -bindung, Personalbeurteilung, Arbeitszeitmodelle, Lohnsysteme) zu analysieren und zu beurteilen. Sie er-halten darüber hinaus Einblick in verschiedene Aspekte der Personalent-wicklung.

In der Ausbildung wird ein *Methodenmix* aus Frontalunterricht, Rollenspie-len, Selbsterfahrung, Erfahrungsaustausch, Feedback und Selbststudium eingesetzt. Um den Transfer zu fördern, werden die Teilnehmer motiviert, eigene Führungssituationen im Training zu besprechen, Lösungsstrategien zu erarbeiten und in den Führungsalltag umzusetzen und die Reaktionen bzw. Folgen der Verhaltensänderung wiederum im Training zu reflektieren. Der Lernerfolg wird mit unterschiedlichen Prüfungsformen nachgewiesen.

Hierzu gehören neben klassischen Berichten und Klausuren auch Rollenspiele und Interviews, in denen die Absolventen ihre Kompetenzen unter Beweis stellen.

5.2 Beispiel einer systematischen Evaluation

Als Beispiel für eine systematische Evaluation werden das Konzept und die Vorgehensweise bei der Überprüfung der *Wirksamkeit* und des Nutzens der im vorangehenden Abschnitt vorgestellten Führungsausbildung dargestellt. Konzipiert und durchgeführt wurde die Evaluation von den Autoren dieses Bandes. Ziel der Evaluation war es, den Wert der Ausbildung durch eine systematische Befragung von Absolventen und auch Arbeitgebern abschätzen zu können. In diesem Zusammenhang sollten folgende Fragen beantwortet werden:
– Wurden aus Sicht der Teilnehmer die erforderlichen Handlungskompetenzen vermittelt und haben sich ihre Führungskompetenzen verbessert?
– Wo sehen die Befragten Stärken und Schwächen bei der inhaltlichen Konzeption der Ausbildung?
– Liefert das Prüfungsverfahren aus Sicht der Teilnehmer und ggf. der Arbeitgeber valide Resultate?
– Wie wirkt sich die Ausbildung auf den Berufs- und Karriereerfolg aus?
– Durch welche persönlichen und kontextuellen Faktoren wird der Lern- und Transfererfolg ggf. beeinflusst?

Auf Grundlage dieser Resultate sollten Ansatzpunkte zur Qualitätssicherung und -verbesserung abgeleitet werden. So konnten erste Empfehlungen zur Modifikation und Verbesserung der Ausbildung (Module) sowie Hinweise zur Modifikation und Verbesserung der Prüfungsverfahren gegeben werden, aber auch Hinweise auf Bedarfe für weitergehende Ausbildungsinhalte konnten dargestellt werden. Zur Bewertung der Ausbildung standen Kriterien unterschiedlicher Reichweite zur Verfügung:
– Teilnahmeerfolg/Reaktion (Zufriedenheit mit Relevanz, Anwendbarkeit, Nutzen etc.), z. B.: „Inhalte waren interessant", „Erwartungen erfüllt"
– Lernerfolg/Lernen (Test-/Prüfungserfolg: Wissen, Verhaltenskompetenz) subjektiv: „Mein Wissen vorher ..." – „Mein Wissen nachher"
– Transfererfolg/Verhalten (Umsetzung, Verhaltensänderung), z. B. „Führt regelmäßige Teambesprechungen durch"
– Veränderungen/Resultate (Qualität, Effizienz, Kennziffern), z. B. „Verkaufszahlen gesteigert", „Mitarbeiterzufriedenheit gestiegen". **positive Evaluation**

Zur Veränderungsmessung wurde ein Posttest mit retrospektivem Pretest und einer Follow-up-Messung nach mindestens einem halben Jahr realisiert. Damit war es möglich, auch mittelfristige Effekte abzuschätzen. Da ein „echter" Pretest im konkreten Fall nicht möglich war (z. B. Einschätzung von Kompetenzen, die bislang unbekannt sind), wird auf die Strategie des „Retrospective Pretest Design" zurückgegriffen. Dabei wird zum Zeitpunkt t2 nicht nur die aktuelle Einschätzung, sondern auch die Einschätzung zu einem zurückliegenden Zeitpunkt t1 (vor der Maßnahme) retrospektiv erfragt. Damit konnten auch mögliche Pretest-Effekte ausgeschlossen werden, weil kein Pretest stattgefunden hat, der die Ausbildung beeinflusst haben könnte. Das Befragungsdesign ist in Abbildung 13 dargestellt. Um sicherzustellen, dass die Befragten offen und ehrlich antworten, wurde vollständige *Anonymität* zugesagt und gewährleistet. Auswertungen für den Auftraggeber erfolgten ausschließlich aggregiert auf Gruppenebene. Zur

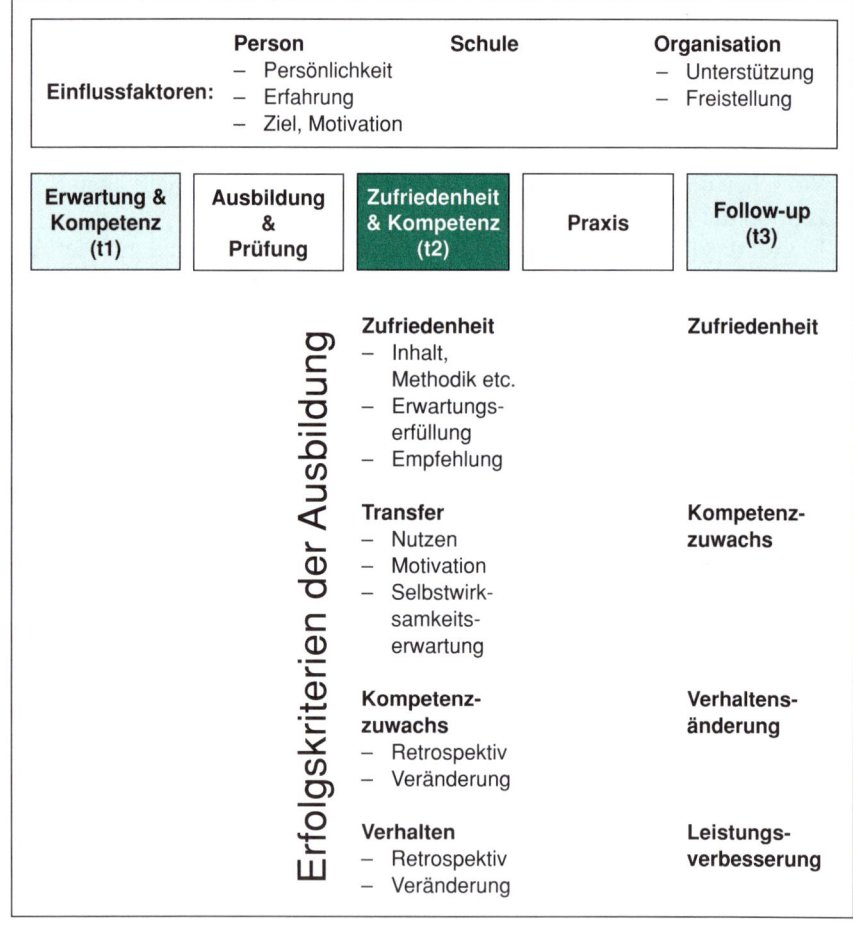

Abbildung 13:
Evaluationsdesign und -konzept

Sicherstellung der Anonymität wurden die online-Fragebögen ausschließlich von der evaluierenden Universität eingesehen.

Die Befragung der Teilnehmer bezieht sich auf verschiedene Aspekte der Führungsausbildung. Mit *standardisierten Fragen* wurde erfasst, wie die Teilnehmer die Ausbildung bezüglich verschiedener *Erfolgskriterien* einschätzen (vgl. Kästen in Abschnitt 2.3.1). Dazu gehören Zufriedenheit mit der Ausbildung, den Ausbildungsinhalten und den Dozierenden sowie Beurteilungen von Lernerfolg und Transferfolg. Außerdem wurde gefragt, wie die Teilnehmer die mündliche und schriftliche Abschlussprüfung erlebt haben. In Bezug auf die Erfolgskriterien und die Prüfungen hatten die Teilnehmer anhand offener Fragen Gelegenheit, weitere Anmerkungen zu machen und konkrete Hinweise zu geben. Zudem sollten von den Teilnehmern verschiedene *Einflussfaktoren* eingeschätzt werden. Dies sind Merkmale der Persönlichkeit (z. B. Transfermotivation, Selbstwirksamkeit, Karriereorientierung, Leistungsmotivation und Commitment gegenüber der Organisation), Merkmale des Arbeitskontextes (Unterstützung durch Organisation und Vorgesetzten, Kostenbeteiligung der Organisation, Freistellung von der Arbeitszeit) sowie Merkmale des Bildungsträgers der Führungsausbildung (Transferunterstützung, Organisation und Dauer der Ausbildung).

Mittels regelmäßiger Befragungen der Absolventen und einiger Vorgesetzter und Mitarbeiter der Absolventen konnte die Wirksamkeit bestätigt werden. So zeigte sich unmittelbar nach der Ausbildung insgesamt eine hohe Zufriedenheit mit der Ausbildung, den Ausbildungsinhalten und den Dozierenden, besonders in bestimmten Modulen. Auch bescheinigten die Teilnehmer einen bedeutenden Kompetenzzuwachs nach der Ausbildung. Dabei zeigten sich für einzelne Module erwartungsgemäß spezifische Effekte. Auch berichteten die Teilnehmer verstärkt effektives Führungsverhalten nach der Ausbildung: insbesondere Angehen von Konflikten/Problemen und regelmäßiges strukturiertes Feedback, verbesserte Ergebnisse. Der Nutzen der Ausbildung wird auch ein Jahr nach Abschluss der Ausbildung hoch bewertet. Weiterhin werden positive Entwicklungen der Führungskompetenzen berichtet. Auch der Transfer kann als positiv bezeichnet werden. Die Absolventen zeigen nicht nur häufiger das trainierte Führungsverhalten (vgl. Abbildung 14) sondern berichten auch eine verbesserte berufliche Leistung (Franke & Felfe, 2012). Die Einschätzungen werden von Vorgesetzten und Mitarbeitern bestätigt.

Kompetente Führung durch Ausbildung

Eine Analyse der Zusammenhänge zwischen Erfolgskriterien und Erfolgsfaktoren zeigte, dass der Ausbildungserfolg, also die Zufriedenheit mit der Ausbildung sowie der Lern- und Transfererfolg, insgesamt besonders durch eine hohe Transfermotivation und Selbstwirksamkeit der Absolventen gefördert wird. Die Zufriedenheit mit der Ausbildung hängt am stärksten davon ab, wie gut die Transferunterstützung durch die Ausbildungsträger eingeschätzt wird. Bedeutend für effektives Führungsverhalten im Sinne der Ausbildungsziele nach der Ausbildung (Transfererfolg) sind neben Transfermotivation und Handlungsorientierung vor allem eine ausgeprägte Führungsmotivation und Leistungsmotivation, aber auch eine gewisse Belastbarkeit und Sensibilität im Umgang mit anderen. Wichtig für den Transfererfolg ist es auch, das Unternehmen und den/die Vorgesetzte/n als unterstützend zu erleben.

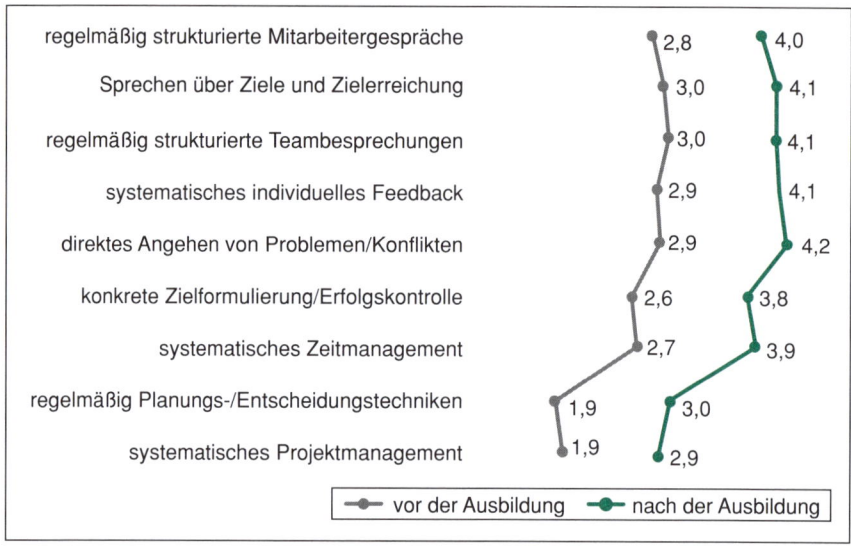

Abbildung 14:
Evaluationsergebnisse (auf einer Skala von 1 (= gar nicht) bis 5 (= sehr oft))

5.3 Transformational führen – Training eines Führungsstils

Transformationale Führung (Avolio, 1999) wird in Forschung und Praxis als vielversprechender Führungsstil diskutiert, um den unterschiedlichen Herausforderungen erfolgreich zu begegnen (Felfe, 2005, 2006a, b). Die Globalisierung, der demografische Wandel usw. machen es zunehmend erforderlich, dass Führungskräfte in der Lage sind, ihre Mitarbeiter zu begeistern, Visionen überzeugend zu vermitteln, zum Umdenken anzuregen und zu besonderer Anstrengung zu motivieren. Diese Fähigkeiten charakterisieren transformationale Führung. Transformationale Führung zielt darauf ab, Werte und Einstellungen von Mitarbeitern zu „transformieren" und dadurch deren intrinsische Motivation und Leistung zu steigern, während bei transaktionaler Führung vor allem faire Austauschprozesse im Vordergrund stehen, bei denen die Führungskraft für die Vereinbarung, Erreichung und Kontrolle von Zielen Sorge trägt. Entsprechend gibt es zunehmend Bemühungen, die Fähigkeit zu transformationaler Führung zu trainieren. Beispielsweise hat Kirkbride (2006) ein Trainingsmodell mit folgendem Ablauf erstellt:

1. Interventionen zur Entwicklung transformationaler Führung beginnen zumeist mit der Analyse des bestehenden Führungsverhaltens. Hierzu werden die Einschätzungen der Mitarbeiter (Fremdeinschätzung) und die Selbsteinschätzungen der teilnehmenden Führungskräfte erhoben. Dabei kommen der MLQ oder vergleichbare Instrumente zum Einsatz (vgl. Abschnitt 3.1).
2. Nachdem die Diagnose-Instrumente sowohl von der betreffenden Führungskraft als auch deren Mitarbeitern bearbeitet wurden, wird in einem zweitägigen Workshop das Konzept der transformationalen und transaktionalen Führung vorgestellt und anhand von Praxisbeispielen erläutert. Die Führungskräfte erhalten ihre individuelle Auswertung zu ihrem Führungsverhalten und setzen sich in Kleingruppen mit den eigenen Stärken und Schwächen auseinander. Dabei soll ein Plan entstehen, an welcher Kompetenz sie konkret arbeiten möchten. In dem Workshop können immer wieder aktuelle Probleme und entsprechende Verhaltensweisen mit den anderen Teilnehmern diskutiert werden, um den Transfer transformationaler Führung auf reale Probleme zu verstärken.
3. Die Teilnehmer haben zwei bis drei Wochen im Anschluss an den Workshop die Gelegenheit, ein Coaching wahrzunehmen, um die Erkenntnisse im Arbeitsalltag zu vertiefen und Ratschläge aus einer unabhängigen Perspektive zu erhalten. Der Einfluss des Coachings wird von vielen Teilnehmern als besonders relevant eingeschätzt, da die spezifische individuelle Situation stärker berücksichtigt wird.

Diagnose und Reflexion als Basis

Das Konzept der transformationalen Führung beinhaltet vier Facetten, die „vier I's" von Bass (1985), die im Training – je nach Bedarf – unterschiedlich stark akzentuiert werden können (vgl. Felfe, 2006a):

Vier Facetten transformationaler Führung

1. *Idealized Influence* (Einfluss durch Vorbildlichkeit und Glaubwürdigkeit): Diese Facette beschreibt eine besondere fachliche und moralische Vorbildfunktion von Führungskräften. Im Gegenzug bringen ihnen die Mitarbeiter Respekt und Vertrauen entgegen.
2. *Inspirational Motivation* (Motivation durch begeisternde Visionen): Hiermit ist die Fähigkeit von Führungskräften angesprochen, mit attraktiven und überzeugenden Visionen zu begeistern und gleichzeitig bei ihren Mitarbeitern die Zuversicht zu wecken, dass die Erwartungen erfüllt werden können.

3. *Intellectual Stimulation* (Anregung und Förderung von kreativem und unabhängigem Denken): Die Führungskräfte sind in der Lage, ihre Mitarbeiter zu innovativem Denken anzuregen, indem bisherige Vorgehensweisen und Routinen hinterfragt werden und die Mitarbeiter dazu ermutigt werden, neue Lösungswege einzuschlagen und zu erproben.

4. *Individualized Consideration* (individuelle Unterstützung und Förderung): Hiermit ist gemeint, dass die Führungskräfte selbst Coach für ihre Mitarbeiter sind und deren individuelle Bedürfnisse nach Leistung und Entwicklung erkennen und systematisch fördern.

Exemplarisch wird im Folgenden für zwei dieser Facetten erläutert, wie diese trainiert werden können. Ein Trainingsziel bei *Inspirational Motivation* als einer der zentralen Facetten transformationaler Führung ist es, Führungskräfte zu befähigen, Visionen so an Mitarbeiter zu kommunizieren, dass diese eine inspirierende Wirkung haben. Entsprechend wird zunächst analysiert, wie die Führungskraft bisher kommuniziert hat und anschließend erarbeitet, wie sie zukünftig (z. B. in einem anstehenden Veränderungsprozess) mit ihren Mitarbeitern kommunizieren kann, um diese zu inspirieren und zu motivieren. Im Training werden Handlungsstrategien entwickelt, um dieses Ziel zu erreichen (z. B. „Verwende Metaphern, um die Vision zu verdeutlichen.", oder „Positive Emotionen und Werte ansprechen"). Neben der Verwendung von Metaphern gibt es noch eine Reihe weiterer Ansatzpunkte, um die Wirkung der Kommunikation zu verbessern (Gestik, Variation des Sprechtempos, gezielte Veränderung der Lautstärke, Zeigen von Emotio-

Konkretes Verhalten trainieren

nen, Appell an gemeinsame Werte). Es wird praktisch trainiert, wie es den Teilnehmern gelingen kann, andere von ihrem Anliegen zu überzeugen und zu begeistern.

Beim Training von *Intellectual Stimulation* lernen die Führungskräfte, wie sie ihre Mitarbeiter zu kreativem und kritischem Denken anregen können. Hierbei ist es wichtig, dass die Führungskräfte zunächst ihre eigenen Problemlösestrategien hinterfragen und so mögliche Barrieren für Alternativlösungen erkennen („Die übliche Lösung ist bequem, Umdenken ist Aufwand", „Es gibt nur eine Lösung", „Ich muss schnelle Lösungen finden"). Und auch bei dieser Facette ist die Kommunikation wichtig: Um kreatives und innovatives Denken zu fördern, muss zunächst für ein offenes, experimentierfreudiges Klima gesorgt werden. Das Team muss darauf eingestimmt werden, dass unkonventionelles Denken ausdrücklich erwünscht ist und nicht kritisiert wird, dass es sich lohnt, Ideen „weiterzuspinnen" und dass in der Umsetzung auch aus Fehlern gelernt werden kann. Im Training werden dazu Kommunikationsstrategien erarbeitet und erprobt. Die Führungskräfte lernen Techniken kennen, mit denen kreatives Denken stimuliert werden kann, beispielsweise Assoziationstechniken (z. B. Brainwriting),

Provokationstechniken (z. B. „Kopfstand-Methode") oder Fantasieübungen (z. B. „Herr der Ringe in meinem Unternehmen", „Das ideale Problem"). Im Selbstversuch lernen sie die Bedeutung von aktiven Perspektivwechseln, kritischem Hinterfragen des Selbstverständlichen und bewusstem Querdenken kennen.

Zahlreiche Studien bestätigen, dass transformationale Führung trainierbar ist (z. B. Barling, Weber & Kelloway, 1996; Dvir, Eden, Avolio & Shamir, 2002). Frese, Beimel und Schoenborn (2003) haben zum Beispiel ein Training konzipiert, das auf die Verbesserung der oben besprochenen Fähigkeit, inspirierend zu kommunizieren, abzielte. In ihrer Studie verglichen sie die Veränderungen von Variablen, die im Mittelpunkt des Trainings standen, mit Variablen, die nicht trainiert wurden. Im Vorher-Nachher-Vergleich zeigten alle Trainingsvariablen (emotionaler Ausdruck, positive Aussagen, Hinwendung zum Zuhörer etc.) signifikante Verbesserungen, die nicht trainierten Variablen (Visualisierungen, Praxisbeispiele, Abschluss einer Rede etc.) jedoch kaum.

In einer aktuellen Studie evaluierten Abrell, Rowold, Mönninghoff und Weibler (2011) ein Training zu transformationaler Führung, welches verschiedene Facetten des Führungsstils beinhaltete. Die Autoren konnten zeigen, dass die Trainingsteilnehmer langfristig mehr transformationales Verhalten zeigten als vor dem Training. Nach den ersten drei Monaten zeigten sich jedoch keine Effekte. Es wird vermutet, dass komplexe Verhaltensmuster einige Zeit zur Umsetzung benötigen und daher Trainingseffekte erst nach einer gewissen Zeit festzustellen sind. Dieses Ergebnis spricht dafür, dass der Nutzen eines Trainings nicht nur direkt nach Abschluss des Trainings, sondern auch einige Monate später gemessen werden sollte (Follow-up). Die Autoren unterstreichen die Bedeutung des Einsatzes unterschiedlicher Methoden im Training (Führungsstilfeedback, Trainingseinheiten und Coaching), um den Transfer komplexer Verhaltensweisen in den Arbeitsalltag zu unterstützen und eine Nachhaltigkeit der Trainingseffekte zu erzielen.

Trainingserfolg empirisch bestätigt

5.4 Gesundheit im Fokus – Training gesundheitsförderlicher Führung

Angesichts des deutlichen Anstiegs an psychischen Erkrankungen wie z. B. Burnout oder Depression besteht dringender Anlass, sich als Führungskraft mit der Gesundheit von Mitarbeitern zu beschäftigen. Vor allem psychische Belastungen und Erkrankungen führen zu längeren Ausfällen der betroffenen Mitarbeiter, was hohe Kosten für das Unternehmen und Mehrbelastungen für die Kollegen verursacht. Ein wesentlicher Ansatzpunkt, um dieser Belastungsspirale frühzeitig entgegenzuwirken, ist gesundheitsförderliche Führung. Die Art und Weise, wie die Führungskraft mit Mitarbeitern kommuniziert und sie dabei unterstützt, Belastungen zu reduzieren und Ressourcen zu fördern, kann Stress abfedern und deutlich entlasten. Hierfür gibt es mittlerweile zahlreiche Belege (z. B. Franke & Felfe, 2011; Gregersen, Kuhnert, Zimber & Nienhaus, 2011; Skakon, Nielsen, Borg & Guzman, 2010). *Gesundheitsförderliche Mitarbeiterführung* reduziert nicht nur die Gesundheitsrisiken der Mitarbeiter, sie steigert auch Wohlbefinden, Zufriedenheit und Leistung. Damit leistet sie einen wichtigen Beitrag zur Reduktion krankheitsbedingter Kosten und trägt zur Effizienz des betrieblichen Gesundheitsmanagements bei.

Gesundheit als neue Führungsaufgabe

Aber auch Führungskräfte selbst sind oft hohen Anforderungen und Belastungen ausgesetzt. Ihre Gesundheit kommt allerdings oft zu kurz. Dabei beeinflussen Führungskräfte mit ihrem eigenen Gesundheitsverhalten auch die Gesundheit ihrer Mitarbeiter (Vorbildwirkung und Übertragungseffekt). Wenn eine Führungskraft gestresst ist, überträgt sich dies auf die Mitarbeiter. Sie fühlen sich dann ebenfalls eher belastet und unter Druck. Gehen Führungskräfte jedoch achtsam mit sich um, fühlen sie sich nicht nur selbst gesünder, sondern sind auch besser in der Lage, für die Gesundheit ihrer Mitarbeiter zu sorgen. Gesunde Führung fängt also bei der eigenen Person an *(gesundheitsförderliche Selbstführung)*.

Oftmals sind Führungskräfte unsicher, ob und wie sie mit Gesundheitsfragen der Mitarbeiter umgehen können (Kann ich mich da überhaupt einmischen? Wie kann ich das ansprechen?). Auch sind sie sich der prägenden Wirkung ihres eigenen Umgangs mit Gesundheit und Stress meist nicht bewusst. Entsprechend ist es im Training gesundheitsförderlicher Führung wichtig, Gesundheitswissen zu vermitteln, Zusammenhänge bewusst zu machen und möglichst konkrete Handlungsweisen abzuleiten. Aber auch das Hinterfragen der Einstellungen der Führungskraft zur Gesundheit sollte Teil des Trainings sein (Welchen Stellenwert hat meine Gesundheit? Fühle ich mich für die Gesundheit meiner Mitarbeiter verantwortlich? Merke ich, wenn ich mir oder meinen Mitarbeitern zu viel zumute?).

Sich selbst und andere gesundheitsförderlich führen

Diese Aspekte sind zentrale Merkmale von „Health-oriented Leadership" (Franke & Felfe, 2011). Abbildung 15 zeigt die Bereiche gesundheitsförderlicher Führung. Sowohl bei der Selbst- als auch bei der Mitarbeiterführung werden drei Teilbereiche unterschieden: (1) Die Wichtigkeit der Gesundheit, d. h. die Motivation, die Gesundheit zu schützen und zu fördern (Value). (2) Die Achtsamkeit, gesundheitliche Warnzeichen überhaupt wahrzunehmen (Awareness). (3) Das konkrete Verhalten, das für den Erhalt und die Förderung der Gesundheit relevant ist (Behavior). Das Verhalten umfasst den persönlichen Lebensstil (z. B. Ernährung, Sport), förderndes Verhalten (z. B. gesundes Arbeitsverhalten, Teilnahme an Maßnahmen des Gesundheitsmanagements) und gefährdendes Verhalten (z. B. Verausgabung).

Zur Diagnose gesundheitsförderlicher Führung steht ein überprüftes Instrument zur Verfügung. Mithilfe des Fragebogens Health-oriented Leader-

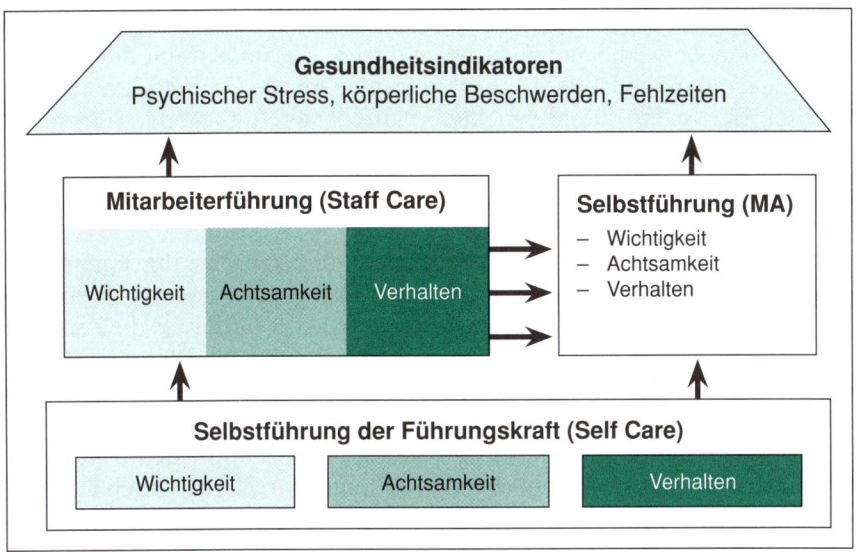

Abbildung 15:
Bereiche gesundheitsförderlicher Führung (Franke & Felfe, 2011)

ship (HoL) (Franke & Felfe, 2011) lässt sich die gesundheitsförderliche Selbst- und Mitarbeiterführung aus der Selbstsicht der Führungskraft, aber auch aus Sicht der Mitarbeiter analysieren. Entsprechend kann der Fragebogen einem Training als Diagnose- und Feedbackinstrument vorangestellt werden (Ist-Analyse). Die Ergebnisse der Analyse werden anschließend in Profilen zusammengefasst. Das Profil zum Umgang mit der eigenen Gesundheit kann den Führungskräften Hinweise darauf geben, wie gut es ihnen gelingt, sich im Arbeitsalltag um ihre Gesundheit zu kümmern und Belastungen zu reduzieren. Das Profil zum Umgang mit der Gesundheit der Mitarbeiter soll ihnen helfen, besser einzuschätzen, wie gut sie in der Lage sind, die Gesundheit ihrer Mitarbeiter zu schützen und zu fördern. Dies dient vor allem der Bewusstmachung eigener Stärken und Schwächen im Umgang mit der eigenen Gesundheit und der Mitarbeitergesundheit.

Die Fremdeinschätzung der Mitarbeiter gibt Rückmeldungen darüber, wie das gesundheitsbezogene Verhalten der Führungskraft auf ihre Umgebung wirkt. Der Vergleich der persönlichen Einschätzungen mit den Einschätzungen der Mitarbeiter zeigt den Führungskräften, inwieweit ihre Selbstsicht mit der Wahrnehmung ihrer Mitarbeiter übereinstimmt. Etwaige Unterschiede können dazu anregen, die eigene Wirkung auf die Mitarbeiter bewusster zu reflektieren (vgl. Abbildung 5 in Abschnitt 2.1.2).

Nach der Auseinandersetzung mit dem Ist-Zustand kann im individuellen Beratungsgespräch der Soll-Zustand definiert werden. Die Funktion des Coaches liegt in diesem Fall darin, die Führungskraft bei der Interpretation

Erprobtes Diagnoseinstrument

113

der Ergebnisse, bei der Ableitung von individuellen Entwicklungszielen und zu ergreifenden Maßnahmen zu unterstützen. Zusammen mit dem Coach wird dann ein individueller Entwicklungsplan für die Führungskraft ausgearbeitet. Bei Bedarf können mehrere, aufeinander aufbauende Coaching-Sitzungen anberaumt werden, bei denen z. B. auch die Umsetzungserfolge oder erlebte Barrieren der Umsetzung besprochen werden und Lösungsmöglichkeiten dafür gesucht werden.

Als hilfreich erweist es sich, dass Führungskräfte zunächst ihre eigene Gesundheit analysieren und sich mit den Erfahrungen, die sie mit ihren Vorgesetzten gemacht haben, auseinandersetzen. Erst danach wird die Perspektive der Mitarbeiter einbezogen. Zum Beispiel wird von Führungskräften oft ein problematisches Zeitmanagement als Belastungsfaktor angesprochen. Als typische Probleme werden zum Beispiel Aufschieben, zu wenig Planung und Delegation, zu wenig Pausen, gleichzeitiges Bearbeiten verschiedener Aufgaben genannt (König & Kleinmann, 2004). Durch die Auseinandersetzung mit den persönlichen Belastungen und Optimierungsmöglichkeiten (z. B. Ziele setzen, Zielerreichung kontrollieren und belohnen) fällt es den Führungskräften leichter, ähnliche oder andere Belastungen und Ressourcen bei den Mitarbeitern zu erkennen und abzuleiten.

5.5   Voraussetzung für Führung – Führungsmotivation

Die Motivation zu führen ist eine wichtige Voraussetzung für erfolgreiche Führung. Nachwuchskräfte sollten sich ihrer Motive bewusst sein, um Chancen zu nutzen, aber auch Barrieren zu überwinden.

5.5.1 Klärung der eigenen Motivation – Chancen erkennen und Barrieren abbauen

Im Sinne des Person-Environment-Fit sind Menschen besonders dann beruflich erfolgreich, wenn sie das tun, was ihnen „liegt". Auch Fach- und Führungskompetenzen können erst dann richtig zur Geltung kommen, wenn sie an eine entsprechende Motivation geknüpft sind. Insbesondere für Menschen, die hinsichtlich einer Führungskarriere noch unentschieden sind oder die sich in einer späteren Berufsphase umorientieren möchten, ist es sinnvoll, dass sie sich zunächst ihrer motivationalen Potenziale und Hindernisse bewusst werden. Erst dann können sie ihre berufliche Laufbahn ihren persönlichen Bedürfnissen entsprechend gestalten.

Mit Blick auf eine Führungskarriere spielt die Kenntnis der eigenen Führungsmotivation eine entscheidende Rolle. Führungsmotivation bezeichnet den individuellen Antrieb, eine Führungskarriere einzuschlagen und im beruflichen Kontext Führungsverantwortung zu übernehmen (Felfe & Gatzka,

2013). Führungsmotivation sagt nicht nur tatsächliches Führungsverhalten voraus (Felfe, Elprana, Gatzka & Stiehl, 2012), sie geht auch mit der Anzahl von Gehaltserhöhungen und Beförderungen einher.

Die Führungsmotivation setzt sich aus unterschiedlichen Komponenten zusammen, die im Haus der Führungsmotivation veranschaulicht werden (Abbildung 16): (1) Basismotive (Macht-, Leistungs- und Anschlussmotiv), (2) Streben nach Führung (affektives, kalkulatives, normatives Führungsmotiv), (3) Führungsaffine Interessenfelder (Gestaltung, Autonomie, Verantwortung, Bestätigung, Mentoring, Wachstum) und (4) Motivationshindernisse (Vermeidung von Führung, Bedingtes Führungsmotiv, Work-Life-Conflict). Zusätzlich erfolgen Einschätzungen zu bisherigen Führungserfahrungen, zu mitarbeiter- und aufgabenorientierten Kompetenzen, zum Motivmanagement (Bewusstheit und Umgang mit eigenen Bedürfnissen) sowie zum Führungsselbstbild.

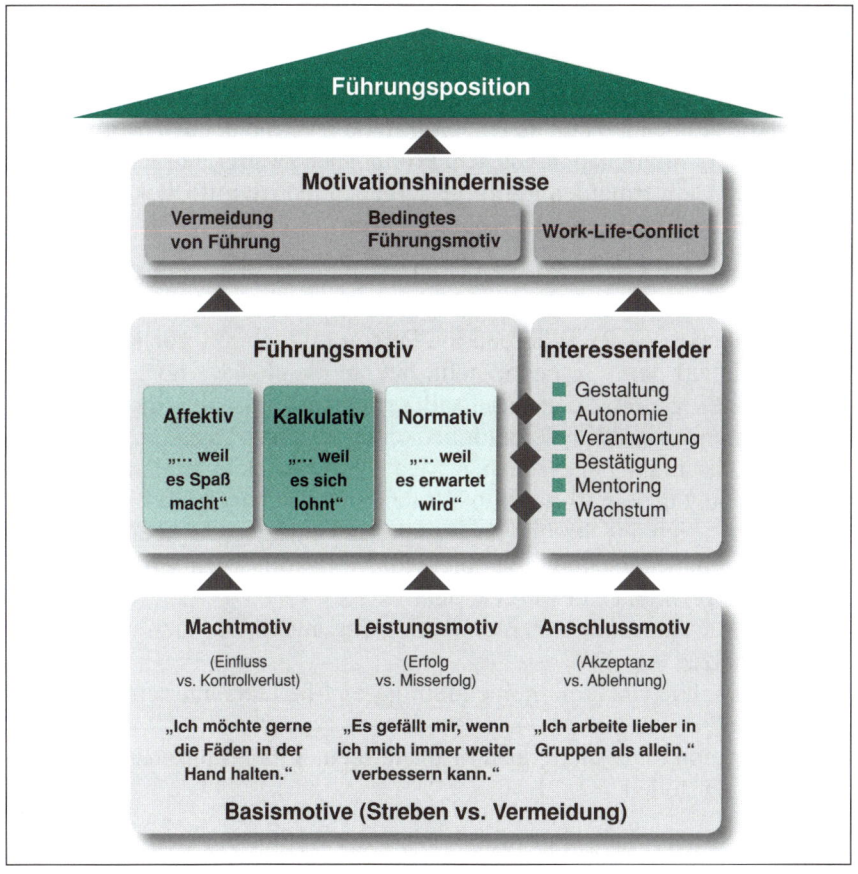

Abbildung 16:
Das Haus der Führungsmotivation (Felfe et al., 2012, S. 14)

Als Diagnoseinstrument dient das *Hamburger Führungsmotivationsinventar* (FÜMO) von Felfe et al. (2012), das sich aus Selbsteinschätzungen und situativen Entscheidungsszenarien zusammensetzt. Es erlaubt den Vergleich mit unterschiedlichen Referenzgruppen, wie z. B. Erwerbstätige mit und ohne Führungsverantwortung, Frauen oder Männer.

Im differenzierten FÜMO-Profil können Motivmuster aufgezeigt werden, die eine Führungskarriere begünstigen oder behindern können. Ausgehend von den individuellen Motivkonstellationen kann ein anschließendes Coaching folgen. Ziel des Coachings sind die Reflexion eigener Motive, der Abbau von Motivationshindernissen sowie die konsequente Verfolgung beruflicher Ziele (Elprana & Hernandez-Bark, in Druck).

Nach der FÜMO-Diagnose erfolgt zunächst ein vertrauliches Diagnosegespräch, in dem mögliche Entwicklungsziele abgeleitet werden. Ein möglicher Ablauf dieses ca. 1,5-stündigen Gesprächs ist in Tabelle 28 dargestellt.

Ausgehend von der individuellen Motivkonstellation können Coachingmaßnahmen abgeleitet werden (Elprana & Hernandez-Bark, in Druck). Ein typisches, häufiger anzutreffendes Motivmuster ist z. B. eine Kombination aus starken strebenden und gleichzeitig starken vermeidenden Motivationskomponenten. Menschen mit diesem Profil haben zwar grundsätzlich Freude an Führung, sie vermeiden Führungsaufgaben jedoch mit Blick auf mögliche Misserfolge und negative Konsequenzen.

Im Gespräch lässt sich diese Konstellation von Streben und Vermeidung durch die Metapher der „Motivationsbremse" veranschaulichen (Elprana, Felfe & Gatzka, 2012). Während die Person bildlich gesprochen mit dem Fuß bereits auf dem Gaspedal steht, hat sie gleichzeitig noch die Handbremse angezogen. Auf den Arbeitsalltag übersetzt führt dies dazu, dass berufliche Chancen und Karrieremöglichkeiten ungenutzt bleiben, obwohl sie eigentlich als attraktiv angesehen werden. Der Entwicklungschance, die sich hier zeigt, liegt in dem Abbau von Vermeidungstendenzen. So kann erreicht werden, dass sich das Streben nach Führung konsequenter in zielorientiertem Verhalten niederschlägt. Beispiele für Motivationsbremsen: „Ich würde zwar gerne Teamleiter/in werden, aber …"

– „… was, wenn meine jetzigen Kollegen glauben, dass ich mich völlig überschätze?"
– „… wie soll ich das mit meinen familiären Pflichten unter einen Hut bekommen?"
– „… ich kann mich nicht dazu bringen, meinen Führungsanspruch unter Beweis zu stellen."

Mögliche weitere Ziele sind zum Beispiel der Aufbau von Selbstsicherheit, ein bewussterer Umgang mit den eigenen Emotionen oder die Klärung bestimmter Karrierewünsche. Ein wichtiger Bestandteil von Coaching kann auch das Training gezielter Verhaltensweisen sein, wenn es zum Beispiel

116

Tabelle 28:

Leitfaden für das FÜMO-Diagnose- und Beratungsgespräch

Schritt 1	*Vorbereitung.* Das individuelle Profil sollte im Vorfeld sorgfältig analysiert werden. Motivmuster und Hypothesen über mögliche Erklärungen für auffällige Konstellationen sollten festgehalten werden.
Schritt 2	*Begrüßung und Zielklärung.* Eine angenehme Gesprächsatmosphäre sowie die Zusicherung von Vertraulichkeit sind wichtige Grundlagen für ein offenes Gespräch.
Schritt 3	*Erklärung des Modells.* Um die Bedeutung von Führungsmotivation zu verdeutlichen, werden zunächst die einzelnen Komponenten im Haus der Führungsmotivation unabhängig von den individuellen Ergebnissen der Person erklärt.
Schritt 4	*Erklärung des individuellen Profils.* Es wird verdeutlicht, wie die persönlichen Ergebnisse im Profil abzulesen sind, wie über- und unterdurchschnittliche Werte aussehen und welche Vergleichsstichprobe zugrunde gelegt wurde.
Schritt 5	*Auswertung des individuellen Profils.* Angefangen im Fundament bis hin zum Dachgeschoss werden die individuellen Ergebnisse besprochen. Dabei wird auch auf die Zusammenhänge zwischen den Komponenten eingegangen (siehe Schritt 1.). Das Haus der Führungsmotivation dient als Orientierungsgrundlage. Mögliche Coaching- und Trainingsziele werden schriftlich festgehalten.
Schritt 6	*Ergebniszusammenfassung.* Motivmuster, die eine Führungskarriere eher begünstigen oder eher behindern, werden zusammengefasst und Nachfragen geklärt. Die Person sollte ihre Ergebnisse als nachvollziehbar und kohärent empfinden.
Schritt 7	*Handlungsableitung.* Welche Coaching- und Trainingsziele sollen und können in naher Zukunft bearbeitet werden? Nach Möglichkeit werden entsprechende Folgesitzungen vereinbart.

um die Leitung von Sitzungen geht, das Führen schwieriger Mitarbeitergespräche, den Umgang mit Kritik bei Projektmeetings oder auch die eigenen Gehaltsverhandlungen. Wie viele Sitzungen vereinbart werden, hängt vom Umfang der zu bearbeitenden Themenfelder ab.

5.5.2 Förderung von Frauen in Führungspositionen

FÜMO-Diagnose und -Coaching eignen sich auch besonders für die Förderung von weiblichen Führungsnachwuchskräften. Es ist bekannt, dass Frauen in vielen Bereichen in Führungspositionen nach wie vor unterrepräsentiert sind (Holst, Busch & Kröger, 2012). Diese Ungleichverteilung steht vor allem in Widerspruch zu dem hohen Anteil gut qualifizierter Frauen, die trotz hoher formaler Bildungsqualifikationen ihre Potenziale nur unzureichend ausschöpfen. Dabei zeigt sich vor allem, dass Frauen umso eher unterrepräsentiert sind, je größer die Organisation und je höher die betrachtete Hierarchieebene ist. Entsprechend empfehlen Brader und Lewerenz (2006) Mentoring-Programme, Karrierenetzwerke und geschlechtersensible Förderung des Nachwuchses als Maßnahmen zur Erhöhung des Anteils von Frauen in Führungspositionen.

Die besondere Relevanz der Führungsmotivation für Frauen wird deutlich, wenn einerseits Förderprogramme mangels interessierter Bewerberinnen zu scheitern drohen, obwohl es genügend qualifizierte Frauen gäbe und es andererseits Frauen trotz schwieriger Rahmenbedingungen und ohne Förderung gelingt, in hochrangige Positionen zu gelangen (vgl. von Rosenstiel, Kehr & Maier, 2000; Strunk & Steyrer, 2005). Die gezielte Förderung des weiblichen Führungsnachwuchses kann daher durch das FÜMO-Coaching besonders gut unterstützt werden (Elprana, Stiehl, Gatzka & Felfe, 2012).

Eine Trainingsmaßnahme, die in diesem Rahmen speziell für Frauen sinnvoll sein kann, ist das sogenannte „Stolpersteintraining" (Elprana & Hernandez-Bark, in Druck). Um ein besseres Verständnis über frauenspezifische Karrierehindernisse und damit auch „Motivationshindernisse" zu erlangen, wurden unterschiedliche Frauen in hohen Führungspositionen in einer Interviewstudie zu den relevantesten Stolpersteinen in ihrer Karriere befragt (Elprana, Felfe & Gatzka, 2012). Die größten Hürden stellen demnach besondere Anforderungen in den Bereichen (1) Selbstdarstellung & Netzwerken, (2) Aggressive Machtspiele, (3) Sexuelle Diskriminierung (z. B. keine Beförderung/Einstellung, weil Frau) und (4) Sexuelle Belästigung (z. B. Anspielungen, Angebote, „Frauenwitze") dar. Aufbauend auf den Erfahrungen und Ratschlägen der weiblichen Führungskräfte wurde ein Training konzipiert, das sich in drei Blöcke unterteilt (s. S. 19).

Insbesondere bei Trainings, die sich nur an Frauen richten, sollten aber ein paar Grundsätze eingehalten werden. Ziel des Trainings ist es, die Handlungsfähigkeit der Frauen zu erhöhen, und nicht die Ängste, beispielsweise vor „aggressiven Machtspielen" oder sexueller Belästigung zu schüren. Wenngleich das Stolpersteintraining auf realen Problemen basiert, sollten die Stolpersteine in ihrer Bedeutung relativiert werden. Erstens ist nicht jede Frau zu jeder Zeit allen Stolpersteinen schutzlos ausgeliefert. Zweitens erleben auch Männer Stolpersteine auf ihrem Karriereweg, wie am Beispiel der aggressiven Machtspiele schnell deutlich wird. Im Allgemeinen empfiehlt es sich also, Geschlechterunterschiede nicht überspitzt darzustellen, sondern die individuelle Handlungsfähigkeit zu erweitern. So lässt sich die Stigmatisierung von Frauen („Ich werde immer als schwache Frau wahrgenommen."), aber auch die Stereotypisierung von Männern („Ein Mann würde immer …") vermeiden. Was die Trainingsinhalte anbelangt, sollte den Teilnehmerinnen klar sein, dass ihre Authentizität immer im Vordergrund stehen sollte. Am Ende des Trainings sollte jede Teilnehmerin mit konkreten Verhaltensplänen nach Hause gehen.

„Stolpersteintraining" für Frauen in Führungspositionen
Trainingsblock 1: Selbstbewusstes Auftreten und Einfordern
– Eigene Wirkung verstehen – Eigene Leistungen sichtbar machen – Ziele und Absichten überzeugend vortragen – Ansprüche geltend machen und Ressourcen fordern – Karrierepläne deutlich machen – Mit Kritik und Widerstand umgehen
Trainingsblock 2: Sich Vernetzen
– Eigenes Netzwerk analysieren – Strategien der Vernetzung – MentorInnen gewinnen – Einflussreiche Personen kennenlernen
Trainingsblock 3: Mit Macht umgehen
– Die Regeln der Macht erlernen (Machtbasen und Mikropolitik) – Den eigenen Einflussbereich erweitern – Eigene Anliegen gegen Widerstand durchsetzen – Sich gegen Machtmissbrauch schützen – Sexueller Belästigung vorbeugen bzw. zurückweisen

119

6   Literaturempfehlungen

Domsch, M.E., Regnet, E. & Rosenstiel, L. v. (2012). *Führung von Mitarbeitern. Fallstudien zum Personalmanagement* (3. Aufl.). Stuttgart: Schäffer-Poeschel.

Felfe, J. (2009). *Mitarbeiterführung*. Göttingen: Hogrefe.

Kaudela-Baum, S., Nagel, E., Bürkler, P. & Glanzmann, V. (Hrsg.). (2011). *Führung lernen. Fallstudien zu Führung, Personalmanagement und Organisation*. Heidelberg: Springer. DOI: 10.1007/978-3-642-16817-8

Riedelbauch, K. & Laux, R. (2011). *Persönlichkeitscoaching. Acht Schritte zur Führungsidentität*. Weinheim: Beltz.

7 Literatur

Abrell, M., Rowold, J., Mönninghoff, M. & Weibler, J. (2011). Evaluation of a long-term transformational leadership development program. *Zeitschrift für Personalforschung, 25,* 1–20.

Antonakis, J., Avolio, B. J. & Sivasubramaniam, N. (2003). Context and leadership: An examination of the nine-factor full-range leadership theory using the Multifactor Leadership Questionnaire (MLQ Form 5x). *The Leadership Quarterly, 14,* 261–295. DOI: 10.1016/S1048-9843(03)00030-4

Antons, K. (2011). Praxis der Gruppendynamik (9. Aufl.). Göttingen: Hogrefe.

Aretz, H. J. & Hansen, K. (2002). *Diversity und Diversity-Management im Unternehmen.* Münster: Lit.

Avolio, B. J. (1999). *Full leadership development: Building the vital forces in organizations.* Thousand Oaks: Sage.

Avolio, B. J., Avey, J. B. & Quisenberry, D. (2010). Estimating return on leadership development investment. *The Leadership Quarterly, 21,* 633–644. DOI: 10.1016/j.leaqua. 2010.06.006

Avolio, B. J., Reichard, R. J., Hannah, S. T., Walumbwa, F. O. & Chan, A. (2009). A metaanalytic review of leadership impact research: Experimental and quasi-experimental studies. *The Leadership Quarterly, 20 (5),* 764–784.

Badger, B., Sadler-Smith, E. & Michie, E. (1997). Outdoor management development: Use and evaluation. *Journal of European Industrial Training, 21,* 318–325. DOI: 10.1108/ 03090599710189180

Bandura, A. (1979). *Sozial-kognitive Lerntheorie.* Stuttgart: Klett.

Barling, J., Weber, T. & Kelloway, K. (1996). Effects of transformational leadership training on attitudinal and financial outcomes: A field experiment. *Journal of Applied Psychology, 81,* 827–832. DOI: 10.1037/0021-9010.81.6.827

Bass, B. M. (1985). *Leadership and performance beyond expectations.* New York: The Free Press.

Bass, B. M. & Avolio, B. J. (1995). *Multifactor leadership questionnaire (MLQ): Technical report.* Redwood City, CA: Mind Garden.

Becker, M. (2008). Die neue Rolle der Personalentwicklung. In N. Thom & R. Zaugg (Hrsg.), *Moderne Personalentwicklung* (3. Aufl., S. 43–62). Wiesbaden: Gabler.

Bergner, S. & Felfe, J. (2011). Auswahl von Führungskräften: Die Fähigkeit des richtigen Entscheidens. *Wirtschaftspsychologie aktuell, 4,* 48–51.

Berne, E. (1967). *Spiele der Erwachsenen.* Reinbek: Rowohlt.

Besser, R. (2001). *Transfer: Damit Seminare Früchte tragen.* Weinheim: Beltz.

Blickle, G. (2000). Mentor-Protegé-Beziehungen in Organisationen. *Zeitschrift für Arbeits- und Organisationspsychologie, 44,* 168–178. DOI: 10.1026//0932-4089.44.4.168

Blickle, G. & Schneider, P. (2007). Mentoring. In H. Schuler & Kh. Sonntag (Hrsg.), *Handbuch der Arbeits- und Organisationspsychologie* (S. 395–402). Göttingen: Hogrefe.

Bogner, J. (2007). *Vorhersage und Förderung einer erfolgreichen Führungskarriere. Längsschnittliche Befunde zur Vorhersage des Karriereerfolgs und Meta-Analyse zur Wirksamkeit von Führungskräftetraining.* Unveröffentlichte Dissertation, Universität Erlangen-Nürnberg.

Brader, D. & Lewerenz, J. (2006). An der Spitze ist die Luft dünn. *IAB Kurzbericht, 2,* 1–4.

Brown, M. E., Trevino, L. K. & Harrison, D. A. (2005). Ethical leadership: A social learning theory perspective for construct development. *Organizational Behavior and Human Decision Processes, 97,* 117–134. DOI: 10.1016/j.obhdp.2005.03.002

Bühler, W. & Siegert, T. (Hrsg.). (1999). *Unternehmenssteuerung und Anreizsysteme.* Stuttgart: Schäffer-Poeschel.

Burke, M. J. & Day, R. R. (1986). A cumulative study of the effectiveness of managerial training. *Journal of Applied Psychology, 71,* 232–245. DOI: 10.1037/0021-9010.71.2.232

Chiaburu, D. S. & Lindsay, D. (2008). Can do or will do? The importance of self-efficacy and instrumentality for training transfer. *Human Resource Development International, 11,* 199–206. DOI: 10.1080/13678860801933004

Ciampa, D. (2005). How leaders move up. *Harvard Business Review, 83* (1), 46–53.

Clarke, E. (2009). Learning outcomes from business simulation exercises. Challenges for the implementation of learning technologies. *Education + Training, 51,* 448–459.

Cohen, J. (1988). *Statistical power analysis for the behavioral sciences.* Hillsdale, NY: Erlbaum.

Collatz, A. & Gudat, K. (2011). *Work-Life-Balance.* Göttingen: Hogrefe.

Collins, D. B. & Holton, E. F. (2004). The effectiveness of managerial leadership development programs: A meta-analysis of studies from 1982 to 2001. *Human Resource Development Quarterly, 15,* 217–248. DOI: 10.1002/hrdq.1099

Colquitt, J. A., LePine, J. A. & Noe, R. A. (2000). Toward an integrative theory of training motivation: A meta-analytic path analysis of 20 years of research. *Journal of Applied Psychology, 85,* 678–707. DOI: 10.1037/0021-9010.85.5.678

Cook, T. D. & Campbell, D. T. (1979). *Quasi-experimentation. Design and analysis issues for field settings.* Chicago: Rand McNally.

Day, D. V. (2000). Leadership development: A review on context. *The Leadership Quarterly, 11,* 581–613. DOI: 10.1016/S1048-9843(00)00061-8

Day, D. V., Harrison, M. M. & Halpin, S. M. (2009). *An integrative theory of leadership development: Connecting adult development, identity, and expertise.* New York: Psychology Press.

Domsch, M. E., Regnet, E. & Rosenstiel, L. v. (2012). *Führung von Mitarbeitern. Fallstudien zum Personalmanagement* (3. Aufl.). Stuttgart: Schäffer-Poeschel.

Drucker, P. F. (1954). *The practice of management.* New York: Harper & Brothers.

Dvir, T., Eden, D., Avolio, B. J. & Shamir, B. (2002). Impact of transformational leadership on follower development and performance: A field experiment. *Academy of Management Journal, 45,* 735–744. DOI: 10.2307/3069307

Ellis, A. (1984). Rational-emotive therapy. In R. J. Corsini (Ed.), *Current psychotherapies* (3rd ed., pp. 196–238). Itasca, IL: Peacock.

Elprana, G., Felfe, J. & Gatzka, M. (2012). Vom Dürfen, Können und Wollen – Stolpersteine für weibliche Führungskarrieren. *Wirtschaftspsychologie aktuell* 57–60.

Elprana, G., Gatzka, M., Stiehl, S. & Felfe, J. (2012). Führungsmotivation: Eine Expertenperspektive zum Konstrukt und seiner Bedeutung. *Report Psychologie, 37* (5), 200–211.

Elprana, G. & Hernandez-Bark, A. (in Druck). Frauen in Führungspositionen. In J. Felfe (Hrsg.), *Aktuelle Entwicklungen in der Führungsforschung.* Göttingen: Hogrefe.

Elprana, G., Stiehl, S., Gatzka, M. & Felfe, J. (2012). Gender differences in Motivation to Lead in Germany. In C. Quaiser-Pohl & M. Endepohls-Ulpe (Eds.), *Women's Choices in Europe. Influence of Gender on Education, Occupational Career and Family Development* (pp. 135–155). Münster: Waxmann.

Erten-Buch, C., Mayrhofer, W., Seebacher, U. & Strunk, G. (2006). *Personalmanagement und Führungskräfteentwicklung. Zahlen, Fakten, Praktische Konsequenzen.* Wien: Linde.

Felfe, J. (1992). *TPK – Training pädagogischer Kompetenzen zur Vermittlung fachübergreifender Qualifikationen in der Berufsausbildung.* Frankfurt/Main: Peter Lang.

Felfe, J. (2005). *Charisma, transformationale Führung und Commitment.* Köln: Kölner Studien Verlag.

Felfe, J. (2006a). Validierung einer deutschen Version des „Multifactor Leadership Questionnaire" (MLQ 5 X Short) von Bass und Avolio (1995). *Zeitschrift für Arbeits- und Organisationspsychologie, 50,* 61–78.

Felfe, J. (2006b). Transformationale und charismatische Führung – Stand der Forschung und aktuelle Entwicklungen. *Zeitschrift für Personalpsychologie, 5,* 163–176.

Felfe, J. (2009). *Mitarbeiterführung.* Göttingen: Hogrefe.

Felfe, J. (2012). *Arbeits- & Organisationspsychologie 2. Führung und Personalentwicklung.* Stuttgart: Kohlhammer.

Felfe, J., Elprana, G., Gatzka, M. & Stiehl, S. (2012). *Hamburger Führungsmotivationsinventar (FÜMO).* Göttingen: Hogrefe.

Felfe, J. & Gatzka, M. (2013). Führungsmotivation. In W. Sarges (Hrsg.), *Management-Diagnostik* (S. 308–315). Göttingen: Hogrefe.

Felfe, J. & Liepmann, D. (1998). Betriebliche Gesundheitsförderung durch Outdoor-Trainings. In E. Bamberg, A. Ducki & A.-M. Metz (Hrsg.), *Betriebliche Gesundheitsförderung – Theorien, Methoden, Projekte* (S. 329–346). Göttingen: Hogrefe.

Fittkau-Garthe, H. & Fittkau, B. (1971). *Fragebogen zur Vorgesetzten-Verhaltens-Beschreibung (FVVB).* Göttingen: Hogrefe.

Fleishman, E.A. (1953). Leadership climate, human relations, and supervisory behavior. *Journal of Applied Psychology, 6,* 202–222.

Franke, F. & Felfe, J. (2011). Diagnose gesundheitsförderlicher Führung – Das Instrument Health-oriented leadership. In B. Badura, A. Ducki, H. Schröder, J. Klose & K. Macco (Hrsg.), *Fehlzeitenreport 2011* (S. 3–14). Heidelberg: Springer.

Franke, F. & Felfe, J. (2012). Transfer of leadership skills: The influence of motivation to transfer and organizational support in managerial training. *Journal of Personnel Psychology, 11,* 138–147. DOI: 10.1027/1866-5888/a000066

Frese, M., Beimel, S. & Schoenborn, S. (2003). Action training for charismatic leadership: Two evaluations of studies of a commercial training modul on inspiring communication of a vision. *Personnel Psychology, 56,* 671–697. DOI: 10.1111/j.1744-6570.2003.tb00754.x

Gebert, D. (1972). *Gruppendynamik in der betrieblichen Führungsschulung.* Berlin: Duncker.

Gillis, H.L. & Speelman, E. (2008). Are challenge (Ropes) Courses an Effective Tool? A Meta-Analysis. *Journal of Experiential Education, 31* (2), 111–135.

Gilovich, T., Griffin, D. & Kahneman, D. (2002). *Heuristics and biases – The psychology of intuitive judgment.* Cambridge: University Press. DOI: 10.1017/CBO9780511808098

Golden, J.P., Bents, R. & Blank, R. (2004). *Golden Profiler of Personality (GPOP). Deutsche Adaptation des Golden Personality Type Profiler.* Bern: Huber.

Gregersen, S., Kuhnert, S., Zimber, A. & Nienhaus, A. (2011). Führung und Gesundheit – Zum Stand der Forschung. *Gesundheitswesen, 73,* 3–12. DOI: 10.1055/s-0029-1246180

Greif, S. (2008). *Coaching und ergebnisorientierte Selbstreflexion.* Göttingen: Hogrefe.

Grote, S., Denison, K. & Bigalk, D. (2009). Mentoring und Patenmodelle: Luxus oder kompetenz- und karriereförderlich? In S. Kauffeld, S. Grote & E. Frieling (Hrsg.), *Handbuch Kompetenzentwicklung* (S. 409–427). Stuttgart: Schäffer-Poeschel.

Hall, J. (1974). Interpersonal Style and the Communication Dilemma: I. Managerial Implications of the Johari Awareness Model. *Human Relations, 27,* 381–399.

Hattie, J., Marsh, H. W., Neill, J. T. & Richards, G. E. (1997). Adventure Education and Outward Bound: Out-of-Class Experiences That Make a Lasting Difference. *Review of Educational Research, 67 (1)*, 43–87.

Hauser, B. (2008). *Action Learning im Management Development*. München: Mehring.

Hemphill, J. K. & Coons, A. E. (1957). Development of the leader behavior description questionnaire. In R. M. Stogdill & A. E. Coons (Eds.), *Leader behavior: Its description and measurement* (pp. 6–38). Columbus, Ohio: Ohio State University.

Herrmann, N. (1991). *Kreativität und Kompetenz. Das einmalige Gehirn. Mit dem Originalfragebogen*. Fulda: Paidia.

Hersey, P. & Blanchard, K. H. (1977). *Management of organizational behavior*. Englewood Cliffs, NJ: Prentice-Hall.

Holling, H. (2000). Verhaltensmodellierung für die Durchführung von Mitarbeitergesprächen. In M. Kleinmann & B. Strauß (Hrsg.), *Potentialfeststellung und Personalentwicklung* (2. Aufl., S. 237–250). Göttingen: Verlag für Angewandte Psychologie.

Holling, H. & Liepmann, D. (2007). Personalentwicklung. In H. Schuler (Hrsg.), *Lehrbuch Organisationspsychologie* (4. Aufl., S. 345–383). Bern: Huber.

Holst, E., Busch, A. & Kröger, L. (2012). *Führungskräftemonitor 2012. Update 2001–2010*. Berlin: DIW.

Hossiep, R. (2013). Personalmanagement. In M. A. Wirtz (Hrsg.), *Dorsch – Lexikon der Psychologie* (S. 1169). Bern: Huber.

Hossiep, R., Bittner, J. E. & Berndt, W. (2008). *Mitarbeitergespräche – motivierend, wirksam, nachhaltig*. Göttingen: Hogrefe.

Hossiep R. & Mühlhaus, O. (2005). Personalauswahl und -entwicklung mit Persönlichkeitstests. Göttingen: Hogrefe.

Hossiep, R. & Paschen, M. (2003). *Bochumer Inventar zur berufsbezogenen Persönlichkeitsbeschreibung (BIP)*. Göttingen: Hogrefe.

Hossiep, R. & Schardien, P. (in Vorbereitung). *Bochumer Inventar zur Führungswirksamkeit (BIF)*. Unveröffentlichtes Manuskript, Projektteam Testentwicklung der Ruhr-Universität Bochum.

Jones, P. J. & Oswick, C. (2007). Inputs and outcomes of outdoor management development: Of design, dogma and dissonance. *British Journal of Management, 18*, 327–341. DOI: 10.1111/j.1467-8551.2006.00515.x

Judge, T. A., Bono, J. E., Ilies, R. & Gerhardt, M. W. (2002). Personality and leadership: A qualitative and quantitative review. *Journal of Applied Psychology, 87*, 765–780. DOI: 10.1037/0021-9010.87.4.765

Judge, T. A. & Piccolo, R. F. (2004). Transformational and transactional leadership: A meta-analytic test of their relative validity. *Journal of Applied Psychology, 89*, 755–768. DOI: 10.1037/0021-9010.89.5.755

Judge, T. A., Piccolo, R. F. & Ilies, R. (2004). The forgotten ones? The validation of consideration and initiating structure in leadership research. *Journal of Applied Psychology, 89*, 36–51. DOI: 10.1037/0021-9010.89.1.36

Kaplan, R. E., Lombardo, M. M. & Mazique, M. S. (1985). A mirror for managers: Using simulation to develop management teams. *Journal of Applied Behavioral Sciences, 21*, 241–253. DOI: 10.1177/002188638502100302

Kaschube, J. & Rosenstiel, L. v. (2004). Training von Führungskräften. In H. Schuler (Hrsg.), *Organisationspsychologie – Grundlagen und Personalpsychologie. Enzyklopädie der Psychologie, Bd. D/III/3* (S. 559–602). Göttingen: Hogrefe.

Kaudela-Baum, S., Nagel, E., Bürkler, P. & Glanzmann, V. (Hrsg.). (2011). *Führung lernen. Fallstudien zu Führung, Personalmanagement und Organisation.* Heidelberg: Springer. DOI: 10.1007/978-3-642-16817-8

Kehr, H. M. (2004). *Motivation und Volition. Funktionsanalysen, Feldstudien mit Führungskräften und Entwicklung eines Selbstmanagement-Trainings (SMT).* Göttingen: Hogrefe.

Keys, B. & Wolfe, J. (1990). The role of management games and simulations in education and research. *Journal of Management, 16,* 307–336.

Kirkbride, P. (2006). Developing transformational leaders: the full range leadership model in action. *Industrial and Commercial Training,* 38 (1), 23–32. DOI: 10.1108/00197850 610646016

Kirkpatrick, J. D. & Kirkpatrick, D. L. (2005). *Evaluating training programs. The four levels (3*rd *ed.).* San Francisco: Berrett-Koehler Publishers.

Kleinmann, M. (2013). *Assessment-Center* (2. Aufl.). Göttingen: Hogrefe.

König, L. J. & Kleinmann, M. (2004). Zeitmanagement im Beruf: Typische Probleme und ihre Lösung. In B. S. Wiese (Hrsg.), *Individuelle Steuerung beruflicher Entwicklung* (S. 109–127). Frankfurt a. M.: Campus.

König O. & Schattenhofer K. (2009). *Einführung in die Gruppendynamik.* Heidelberg: Carl-Auer Verlag.

Kriz, W. C. (2007). Den organisationalen Wandel mit Planspielen gestalten. In W. C. Kriz (Hrsg.), *Planspiele für die Organisationsentwicklung* (S. 11–40). Berlin: WVB.

Kuster, J., Huber, E., Lippmann, R., Schmid, A., Schneider, E., Witschi, U. & Wüst, R. (2011). *Handbuch Projektmanagement* (3. Aufl.). Heidelberg: Springer. DOI: 10.1007/ 978-3-642-21243-7

Leonard, H. S. & Lang, F. (2010). Leadership development via action learning. *Advances in Developing Human Resources, 12,* 225–240.

Leonard, H. S. & Marquardt, M. J. (2010). The evidence of the effectiveness of action learning. *Action Learning: Research and Practice, 7,* 121–136.

Locke, E. A. & Latham, G. P. (2002). Building a practically useful theory of goal setting and task motivation: A 35-year odyssey. *American Psychologist, 57,* 701–717. DOI: 10.1037/ 0003-066X.57.9.705

Malik, F. (2006). *Führen Leisten Leben.* Frankfurt a. M.: Campus.

Manz, C. C. & Sims, H. P. (1981). Vicarious learning: The influence of modeling on organizational behavior. *Academy of Management Review, 6,* 105–113.

Marston, W. M. (1928). *Emotions of normal people.* London: K. Paul, Trench, Trubner & Co. DOI: 10.1037/13390-000

McDermott, M., Levenson, A. & Newton, S. (2007). What coaching can and cannot do for your organization. *Human Resource Planning, 30,* 30–37.

McEvoy, G. M. & Buller, P. F. (1997). The power of outdoor management development. *Journal of Management Development, 16,* 208–217. DOI: 10.1108/02621719710164355

McEvoy, G. M., Cragun, J. R. & Appleby, M. (1997). Using outdoor training to develop and accomplish organizational vision. *Human Resource Planning, 20,* 20–28.

Mintzberg, H. (1975). The manager's job: folklore and fact. *Harvard Business Review, 53* (4), 49–61.

Mitchell, T. R. & Wood, R. E. (1980). Supervisors' responses to subordinate poor performance. A test of an attributional model. *Organizational Behavior and Human Performance, 25,* 123–138.

Nasser, D. (1993). *Erlebnispädagogik in Nordamerika: Eine Darstellung am Beispiel „Project Adventure"; das reformpädagogische Modell und seine grundlegende Bedeutung.* Lüneburg: edition erlebnispädagogik.

Neider, L. L. & Schriesheim, C. A. (2011). The authentic leadership inventory ALI: Development and empirical tests. *The Leadership Quarterly, 22,* 1146–1164. DOI: 10.1016/j.leaqua.2011.09.008

Nerdinger, F. W. (2003). *Kundenorientierung.* Göttingen: Hogrefe.

Nesemann, K. (2012). *Talent-Management durch Trainee-Programme. Auswirkungen der Gestaltungsmerkmale auf den Programmerfolg.* Wiesbaden: Springer Gabler. DOI: 10.1007/978-3-8349-3612-7

Neubauer, A. Bergner, S. & Felfe, J. (2012). *Leadership Judgement Indicator (LJI)* Bern: Huber.

Neuberger, O. (2002). *Führen und führen lassen.* Stuttgart: Lucius & Lucius.

Offermann, M. & Steinhübel, A. (2006). *Coachingwissen für Personalverantwortliche.* Frankfurt a. M.: Campus.

Olivero, G., Bane, K. D. & Kopelman, R. E. (1997). Executive coaching as a transfer of training tool: Effects on productivity in a public agency. *Public Personnel Management, 26,* 461–469.

Orth, C. (1999). *Unternehmensplanspiele in der betriebswirtschaftlichen Aus- und Weiterbildung.* Lohmar: Josef Eul Verlag.

Podsakoff, P. M., MacKenzie, S. B., Moorman, R. H. & Fetter, R. (1990). Transformational leader behaviors and their effects on followers' trust in leader, satisfaction, and organizational citizenship behaviors. *The Leadership Quarterly, 1,* 107–143. DOI: 10.1016/1048-9843(90)90009-7

Poisson-de Haro, S. & Turgut, G. (2012). Expanded strategy simulations: Developing better managers. *Journal of Management Development, 31,* 209–220.

Powell, K. S. & Yalcin, S. (2010). Managerial training effectiveness. A meta-analysis 1952–2002. *Personnel Review, 39,* 227–241.

Rauen, C. (2001). *Coaching. Innovative Konzepte im Vergleich* (2. Aufl.). Göttingen: Verlag für Angewandte Psychologie.

Rauen, C. (2008). *Coaching* (2. Aufl.). Göttingen: Hogrefe.

Reetz, L. (1988). Zum Einsatz didaktischer Fallstudien im Wirtschaftslehreunterricht. *Unterrichtswissenschaft, 16,* 38–55.

Riedelbauch, K. & Laux, R. (2011). *Persönlichkeitscoaching. Acht Schritte zur Führungsidentität.* Weinheim: Beltz.

Rosenstiel, L. v. (1989). Innovation und Veränderung in Organisationen. In E. Roth (Hrsg.), *Enzyklopädie der Psychologie: Themenbereich D Praxisgebiete, Serie III Wirtschafts-, Organisations- und Arbeitspsychologie,* Band 3 *Organisationspsychologie* (S. 652–684). Göttingen: Hogrefe.

Rosenstiel, L. v. (2001). Mitarbeiterbeurteilung Martina Schmidt. In M. E. Domsch, E. Regnet & L. von Rosenstiel (Hrsg.), *Führung von Mitarbeitern. Fallstudien zum Personalmanagement* (3. Aufl., S. 104–105). Stuttgart: Schäffer-Poeschel.

Rosenstiel, L. v., Kehr, H. M. & Maier, G. W. (2000). Motivation and volition in pursuing personal work goals. In J. Heckhausen (Ed.), *Motivational psychology of human development: Developing motivation and motivating development* (pp. 287–305). New York, NY: Elsevier Science.

Rowold, J. & Steinhardt, C. (2007). Kosten-Nutzen-Analysen von Personalentwicklungsverfahren. In A. Süssmair & J. Rowold (Hrsg.), *Kosten-Nutzen-Analysen und Human Resources* (S. 67–79). Weinheim: Beltz.

Schaper, N. & Sonntag, K. (1997). Modelle diagnostischen Handelns in technischen Systemen. In Kh. Sonntag & N. Schaper (Hrsg.), *Störungsmanagement und Diagnosekompetenz* (S. 193–210). Zürich: vdf Hochschulverlag.

Schelten, A. (2005). *Grundlagen der Arbeitspädagogik* (4. Aufl.). Stuttgart: Steiner.

Scherm, M. & Sarges, W. (2002). *360°-Feedback*. Göttingen: Hogrefe.

Schreyögg, A. (2008). *Coaching für die neu ernannte Führungskraft*. Wiesbaden: VS. DOI: 10.1007/978-3-531-91080-2

Schreyögg, A. (2011). Möglichkeiten der Evaluation von Coaching. *Organisationsberatung Supervision Coaching, 18,* 89–96. DOI: 10.1007/s11613-010-0218-5

Schuler, H. (2004). *Lehrbuch Organisationspsychologie* (3. Aufl.). Bern: Huber.

Schulz von Thun, F. (1981). *Miteinander reden: Störungen und Klärungen. Psychologie der zwischenmenschlichen Kommunikation*. Reinbek: Rowohlt.

Schwarz, G. (2005). *Konfliktmanagement*. Wiesbaden: Gabler. DOI: 10.1007/978-3-322-94814-4

Schyns, B. (2002). Überprüfung einer deutschsprachigen Skala zum Leader-Member-Exchange-Ansatz. *Zeitschrift für Differentielle und Diagnostische Psychologie, 23,* 235–245. DOI: 10.1024//0170-1789.23.2.235

Skakon J., Nielsen K., Borg V. & Guzman J. (2010). Are leaders' wellbeing, behaviors, and style associated with the affective well-being of their employees? A systematic review of three decades of research. *Work and Stress, 24,* 107–139. DOI: 10.1080/02678373.2010.495262

Skinner, B.F. (1974). *About behaviorism*. New York: Vintage.

Smith, P. (1975). Controlled studies of the outcome of sensitivity training. *Psychological Bulletin, 82,* 597–622. DOI: 10.1037/h0076841

Smither, J.W., London, M., Flautt, R., Vargas, Y. & Kucine, I. (2002). Can working with an executive coach improve multisource feedback ratings over time? A quasi-experimental field study. *Personnel Psychology, 56,* 23–44.

Solansky, S. (2010). The evaluation of two key leadership development program components: Leadership skills assessment and leadership mentoring. *The Leadership Quarterly, 21,* 675–681. DOI: 10.1016/j.leaqua.2010.06.009

Solga, M. (2011). Evaluation der Personalentwicklung. In J. Ryschka, M. Solga & A. Mattenklott (Hrsg.), *Praxishandbuch Personalentwicklung* (3. Aufl., S. 293–324). Wiesbaden: Gabler.

Sonntag, Kh. (2002). Personalentwicklung und Training. Stand der psychologischen Forschung und Gestaltung. *Zeitschrift für Personalpsychologie, 2,* 59–79.

Sonntag, Kh. & Schaper, N. (1999). Förderung beruflicher Handlungskompetenz. In Kh. Sonntag (Hrsg.), *Personalentwicklung in Organisationen. Psychologische Grundlagen, Methoden und Strategien* (2. Aufl., S. 211–244). Göttingen: Hogrefe.

Sonntag, Kh. & Schaper, N. (2006). Wissensorientierte Verfahren der Personalentwicklung. In H. Schuler (Hrsg.), *Lehrbuch der Personalpsychologie* (S. 255–280). Göttingen: Hogrefe.

Sonntag, Kh. & Stegmaier, R. (2006). Verhaltensorientierte Verfahren der Personalentwicklung. In H. Schuler (Hrsg.), *Lehrbuch der Personalpsychologie* (S. 281–304). Göttingen: Hogrefe.

Staehle, W.H. (1999). *Management* (8. Aufl.). München: Vahlen.

Stead, V. (2005). Mentoring: A model for leadership development? *International Journal of Training and Development, 9,* 170–184.

Steffens, H. (1992). Ebenen der Evaluation bei lernaktiven Methoden. In H. Keim (Hrsg.), *Planspiel, Rollenspiel, Fallstudie: zur Praxis und Theorie lernaktiver Methoden* (S. 174–195). Köln: Wirtschaftsverlag Bachem.

Stelzer-Rothe, T. (2010). Stellvertretung. In R. Bröckermann & M. Müller-Vorbrüggen (Hrsg.), *Handbuch Personalentwicklung* (S. 611–623). Stuttgart: Schäffer-Poeschel.

Stewart, R. (1967). *Managers and their jobs*. Maidenhead: McGraw-Hill.

Strauß, B. & Kleinmann, M. (Hrsg.). (1995). *Computersimulierte Szenarien in der Personalarbeit*. Göttingen: Verlag für Angewandte Psychologie.

Strohschneider, S. & Gerdes, J. (2004). MS ANTWERPEN: Emergency Management Training for low risk environments. *Simulation & Gaming, 35,* 394–413. DOI: 10.1177/1046878104266225

Strohschneider, S. (2003). Krisenstabstraining: Das Nicht-Planbare vorbereiten. In S. Strohschneider (Hrsg.), *Entscheiden in kritischen Situationen* (S. 97–112). Frankfurt a. M.: Verlag für Polizeiwissenschaft.

Strohschneider, S. (2008). Human-Factors-Training. In P. Badke-Schaub, G. Hofinger & K. Lauche (Hrsg.), *Human Factors. Psychologie sicheren Handelns in Risikobranchen* (S. 289–306). Berlin: Springer.

Strunk, G. & Steyrer, J. (2005). Dem Tüchtigen ist die Welt nicht stumm. Es ist alles eine Frage der Persönlichkeit. In W. Mayrhofer, M. Meyer & J. Steyrer (Hrsg.), *Macht? Erfolg? Reich? Glücklich? Einflussfaktoren auf Karrieren* (S. 51–77). Wien: Linde.

Tannenbaum, S. L. & Yukl, G. (1992). Training and development in work organizations. *Annual Review of Psychology, 35,* 399–441. DOI: 10.1146/annurev.ps.43.020192.002151

Taylor, P. J., Russ-Eft, D. F. & Chan, D. W. L. (2005). A meta-analytic review of behavior modeling training. *Journal of Applied Psychology, 90,* 692–709. DOI: 10.1037/0021-9010.90.4.692

Teuber, S. (2005). Coaching – Lernen in der Praxis. Der Einsatz von Coaching am Beispiel der Vertriebsstrukturierung einer Kreissparkasse. *Zeitschrift Führung + Organisation, 74,* 99–104.

Thierau-Brunner, H., Stangel-Meseke, M. & Wottawa, H. (1999). Evaluation von Personalentwicklungsmaßnahmen. In Kh. Sonntag (Hrsg.), *Personalentwicklung in Organisationen. Psychologische Grundlagen, Methoden und Strategien* (2. Aufl., S. 261–286). Göttingen: Hogrefe.

Thom, N. & Friedli, V. (2008). *Hochschulabsolventen gewinnen, fördern und erhalten* (2. Aufl.). Bern: Haupt.

van Dick, R. & West, M. A. (2013). *Teamwork, Teamdiagnose, Teamentwicklung* (2. Aufl.). Göttingen: Hogrefe.

Vopel, K. W. (1996). *Interaktionsspiele* (Band 1–3). Salzhausen: Iskopress.

Walumbwa, F. O., Avolio, B. J., Gardner, W. L., Wernsing, T. S. & Peterson, S. J. (2008). Authentic leadership: Development and validation of a theory-based measure. *Journal of Management, 34,* 89–126.

Wanberg, C. R., Welsh, E. T. & Hezlett, S. A. (2003). Mentoring research: A review and dynamic process model. In G. Ferris (Ed.), *Research in personnel and human resources management* (pp. 39–124). Greenwich, CT: JAI Press.

Wegge, J. (2004). *Führung von Arbeitsgruppen*. Göttingen: Hogrefe.

Weibler, J. (2001). *Personalführung*. München: Vahlen.

Weinert, F. E. (2001). Vergleichende Leistungsmessung in Schulen – eine umstrittene Selbstverständlichkeit. In F. E. Weinert (Hrsg.), *Leistungsmessungen in Schulen* (S. 17–31). Weinheim: Beltz.

Wilkening, O. S. (1986). Bildungs-Controlling – Instrumente zur Effizienzsteigerung der Personalentwicklung. In H.-C. Riekhof (Hrsg.), *Strategien der Personalentwicklung* (S. 299–325). Wiesbaden: Gabler.

Wottawa, H. & Thierau, H. (2003). *Lehrbuch Evaluation*. Bern: Huber.

Wunderer, R. (2000). *Führung und Zusammenarbeit: eine unternehmerische Führungslehre*. Neuwied: Luchterhand.

Yukl, G. (2002). *Leadership in Organizations* (5th ed.). New Jersey: Prentice-Hall.

Checkliste 3: Trainingsinhalte

Kommunikation und Gesprächsführung

- Kommunikationsmodelle, Regeln der Verständlichkeit
- Fragetechniken, Aktives Zuhören, Feedbackregeln
- Kontakt, Small Talk und Humor, Etikette

Selbstkenntnis

- Persönlichkeitsmodelle
- Eigenes Persönlichkeitsprofil, eigene Werte, Motive und Einstellungen
- Eigene Stärken und Schwächen, Wirkung der eigenen Person

Führungskonzepte und -theorien

- Führungsfunktionen und -aufgaben, Führungsstile
- Ergebnisse der Führungsforschung
- Mitarbeitermotivation

Führungsinstrumente

- Führungsleitlinien
- Beurteilungssystem, Führungsbarometer
- Zielvereinbarung, Delegation und Kontrolle

Personalentwicklung

- Auswahlverfahren
- Training und Coaching
- Arbeitsgestaltung

Leitung und Steuerung vom Gruppen

- Moderation und Diskussionsleitung
- Teamdiagnose und Teamentwicklung
- Gruppendynamik, soziale Rollen und Interaktion, Gruppenprozesse
- Konfliktmanagement

Arbeitsmethoden und Managementtechniken

- Arbeitsorganisation, Zeitmanagement und Prioritätensetzung
- Problemlösestrategien, Planungs- und Entscheidungstechniken
- Strategieentwicklung, Projektmanagement, Change Management
- Präsentationstechniken, Visualisierungsmethoden

Spezielle Themen

- Arbeitsrecht
- Innovationsmanagement und Kreativitätstechniken
- Arbeitsschutz, Gesundheitsförderung und Stressprävention
- Diversity Management und interkulturelles Management
- Führung virtueller Teams

Aus Felfe und Franke: Führungskräftetrainings © 2014 Hogrefe, Göttingen

Checkliste 4: Wahl des Lernortes und Trainers

Vorteile „on the job"-Trainings

- hoher Praxisbezug (unternehmensspezifische Anpassung der Inhalte)
- Praxistransfer leichter (individuelle Problemlösungen)
- geringere Kosten (keine Reise-, Hotelkosten und Anfahrtszeiten)
- i.d.R. weniger Planungsaufwand vorab

Vorteile „off the job"-Trainings

- ungestörter, geschützter Raum
- offeneres Lern- und Arbeitsklima durch Distanz
- ggf. bessere technische oder räumliche Möglichkeiten
- Netzwerken außerhalb des direkten Arbeitsumfelds

Vorteile internerTrainer

- zielgerichtet und praxisorientiert (Wissen über interne Strukturen)
- ggf. kostengünstiger (kein Honorar, aber Arbeitszeit)
- kann als Promoter oder Multiplikator dienen

Vorteile externer Trainer

- unabhängig und unbefangener
- i.d.R. aktuelles Fach- und Methodenwissen
- Bereicherung durch Erfahrungen aus anderen Unternehmen und Branchen
- gezielte Auswahl (hohe Spezialisierung)

Checkliste 1: Merkmale systematischer Führungskräfteentwicklung

Existiert ein differenziertes Führungsleitbild als Zielvorstellung? (Formulierung des Soll-Zustands)

– Anforderungsprofile (Aufgaben und Funktionen, wofür ist die Führungskraft verantwortlich?)
– Leitlinien (Wie soll geführt werden?)
– Führungsinstrumente (Welche Instrumente und Techniken werden eingesetzt?)
– Detaillierte Leitfäden für einzelne Führungsinstrumente
– Führungskalender (Wann sollen welche Instrumente eingesetzt werden?)

Wird der Bedarf systematisch diagnostiziert (Soll-Ist-Vergleich)?

– Standardisiertes Befragungsinstrument
– Selbsteinschätzung der Führungskräfte
– Fremdeinschätzung durch Mitarbeiter und Vorgesetzte
– Vergleich von Selbst- und Fremdeinschätzung bzw. Leitbild
– Formulierung des Bedarfs (Zielgruppe, Inhalte, Methoden)

Bedarfsgerechte Maßnahmenplanung und Durchführung (Training, Coaching etc.)

– Planung geeigneter Maßnahmen mit Teilnehmern
– Einziehung der Führungskräfte der Teilnehmer
– Durchführung (Training, Coaching)
– Maßnahmen zur Transferunterstützung

Werden die Maßnahmen evaluiert?

– Individuelles Auswertungsgespräch zwischen Teilnehmer und Führungskraft
– Systematische Wirksamkeitskontrolle
– Berücksichtigung unterschiedlicher Kriterien (Zufriedenheit, Lernerfolg, Transfer)

Aus Felfe und Franke: Führungskräftetrainings © 2014 Hogrefe, Göttingen

Checkliste 2: Trainingsqualität und Transferchancen

Teilnehmervoraussetzungen sicherstellen

- Lernmotivation
- Transfermotivation
- Bedarf und Potenzial

Trainingskonzept prüfen

- Bedarfs- bzw. Teilnehmerorientierung
- Vermittlung einschlägiger und bewährter Inhalte
- Aktivierende und teilnehmerorientierte Methoden
- Methodenmix
- Praxisorientierung
- Qualität der Teilnehmermaterialien

Trainerkompetenz checken

- Vorgespräch zur Konzeption
- Referenzen einholen
- Erfahrung mit Zielgruppe
- Erfahrung mit dem Trainingskonzept

Transfer-Chancen erhöhen

- Einbindung der Führungskräfte der Teilnehmer
- Transfervorbereitung im Seminar
- Konkrete Transfervereinbarungen
- Konkrete Unterstützung beim Transfer

Transfer-Risiken mindern

- Ausreichende zeitliche Ressourcen für die Umsetzung
- Ausreichende personelle Ressourcen
- Organisatorische Rahmenbedingungen anpassen

Aus Felfe und Franke: Führungskräftetrainings © 2014 Hogrefe, Göttingen